Dr. Arunesh Kumar Srivastava
Ravi Shukla

Desenvolvimento e caraterização

Dr. Arunesh Kumar Srivastava
Ravi Shukla

Desenvolvimento e caraterização

Compósito híbrido de tapete de fibra natural

ScienciaScripts

Imprint

Any brand names and product names mentioned in this book are subject to trademark, brand or patent protection and are trademarks or registered trademarks of their respective holders. The use of brand names, product names, common names, trade names, product descriptions etc. even without a particular marking in this work is in no way to be construed to mean that such names may be regarded as unrestricted in respect of trademark and brand protection legislation and could thus be used by anyone.

Cover image: www.ingimage.com

This book is a translation from the original published under ISBN 978-620-7-80686-7.

Publisher:
Sciencia Scripts
is a trademark of
Dodo Books Indian Ocean Ltd. and OmniScriptum S.R.L publishing group

120 High Road, East Finchley, London, N2 9ED, United Kingdom
Str. Armeneasca 28/1, office 1, Chisinau MD-2012, Republic of Moldova, Europe
Printed at: see last page
ISBN: 978-620-7-89647-9

1. Introdução

Os compósitos são materiais multifuncionais que consistem em dois ou mais constituintes quimicamente distintos, numa macro-escala, com uma interface distinta que os separa. Mais de uma fase descontínua é incorporada numa fase contínua para formar um compósito híbrido. A fase descontínua é normalmente mais dura e mais forte do que a fase contínua e é designada por reforço híbrido e a fase contínua é designada por matriz. O material da matriz pode ser classificado em metálico, polimérico e cerâmico. Recentemente, os compósitos de matriz polimérica têm sido amplamente utilizados em muitas aplicações, como peças para automóveis, peças para o interior de aviões, electrodomésticos e materiais de construção. A fase de reforço pode ser de natureza fibrosa ou não fibrosa (partículas) ou, se as fibras forem derivadas de plantas ou de outras espécies vivas, são designadas fibras naturais. As questões ambientais suscitaram um interesse considerável no desenvolvimento de novos materiais compósitos com a adição de mais do que um reforço que sejam recursos biodegradáveis, como as fibras naturais, como alternativas de baixo custo e amigas do ambiente às fibras sintéticas.

As fibras híbridas nos compósitos podem suportar cargas mais elevadas em comparação com os reforços de fibra única em diferentes direcções com base no reforço, e a matriz circundante mantém-nas na localização e orientação desejadas, actuando como um meio de transferência de carga mais elevada entre elas [1]. A Figura 1.1 mostra os compósitos num Boeing 777.

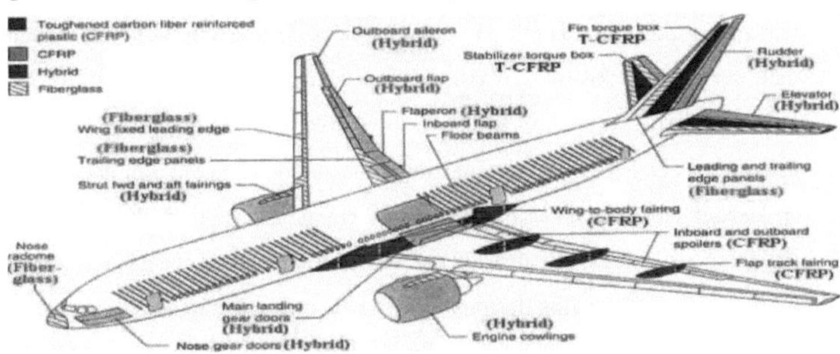

Fig. 1.1 - Compósitos num Boeing 777

1.1 Porquê estudar compósito?

Nos últimos trinta anos, os materiais compósitos, os plásticos e as cerâmicas têm sido os materiais emergentes dominantes. O volume e o número de aplicações dos materiais compósitos têm crescido de forma constante, penetrando e conquistando novos mercados de forma implacável. Os materiais compósitos modernos constituem uma proporção significativa do mercado de materiais de engenharia, desde produtos de uso quotidiano a aplicações sofisticadas em nichos de mercado. Embora os materiais compósitos tenham provado o seu valor mundial como materiais que reduzem o peso, o desafio atual é torná-los rentáveis. Os esforços para produzir componentes compósitos economicamente atractivos resultaram em várias técnicas de fabrico inovadoras atualmente utilizadas na indústria dos compósitos. É óbvio, especialmente no caso dos compósitos, que a melhoria da tecnologia de fabrico não é, por si só, suficiente para ultrapassar o obstáculo do custo. Tem de haver um esforço integrado na conceção, no material, no processo, na garantia de qualidade das ferramentas, no fabrico e até na gestão do programa para que os compósitos se tornem competitivos em relação aos metais. A indústria dos materiais compósitos começou a reconhecer que as aplicações comerciais dos materiais compósitos prometem oferecer oportunidades de negócio muito maiores do que o sector aeroespacial, devido à dimensão da indústria dos transportes, pelo que a mudança das aplicações dos materiais compósitos das aeronaves para outras utilizações comerciais se tornou proeminente nos últimos anos. A introdução de novos materiais de matriz de resina polimérica e de fibras de reforço de alto desempenho de vidro e de carbono tem permitido um aumento das oportunidades de negócio. A penetração destes materiais avançados tem registado uma expansão constante em termos de utilizações e de volume. O aumento do volume resultou numa redução esperada dos custos. O PRFV de elevado desempenho pode agora ser encontrado em aplicações tão diversas como armaduras compósitas concebidas para resistir a impactos explosivos, cilindros de combustível para veículos a gás natural, pás de moinhos de vento, veios de transmissão industriais, vigas de suporte de pontes rodoviárias e até rolos de fabrico de papel. Para certas aplicações, a utilização de materiais compósitos em vez de metais resultou numa redução de custos e de peso. Alguns exemplos são as cascatas para motores, carenagens curvas e filetes e substituições de peças metálicas soldadas, cilindros, tubos, condutas, etc. Além disso, a necessidade de compósitos para materiais de construção mais leves e estruturas mais resistentes a sismos colocou grande ênfase na utilização de materiais novos e avançados que não só diminuem o peso morto como também absorvem o choque e a vibração através de microestruturas adaptadas [2].

1.2 O que é o Compósito?

Quando dois ou mais materiais com propriedades diferentes são combinados, formam um material compósito. O material compósito é constituído por materiais resistentes que transportam cargas (designados por reforço) incorporados em materiais mais fracos (designados por matriz). As principais funções da matriz são transferir tensões entre as fibras/partículas de reforço e protegê-las de danos mecânicos e/ou ambientais, enquanto a presença de fibras/partículas num compósito melhora as suas propriedades mecânicas, como a resistência à tração, a resistência à flexão, a resistência ao impacto, a rigidez, etc. Outros estudiosos definem o compósito por outras palavras:

É definido como "Um sistema material composto por dois ou mais constituintes semelhantes, com formas diferentes, insolúveis um no outro, fisicamente distintos e quimicamente não homogéneos".

Kelly et al. afirmam muito claramente que os compósitos não devem ser considerados como uma combinação de dois materiais. Num significado mais amplo, a combinação tem as suas propriedades distintas. Em termos de força, resistência ao calor ou qualquer outra qualidade desejável, é melhor do que qualquer um dos componentes isoladamente ou radicalmente diferente de qualquer um deles.

Beghezan et al. definem "os compósitos são materiais compostos que diferem das ligas pelo facto de os componentes individuais manterem as suas características, mas serem incorporados no compósito de modo a tirar partido apenas dos seus atributos e não das suas deficiências", para obter materiais melhorados.

Van Suchetclan et al. explicaram os materiais compósitos como materiais heterogéneos constituídos por duas ou mais fases sólidas, que estão em contacto íntimo entre si a uma escala microscópica. Podem também ser considerados materiais homogéneos a uma escala microscópica, no sentido em que qualquer porção do mesmo terá as mesmas propriedades físicas.

1.2.1 Características do compósito

Os compósitos são constituídos por uma ou mais fases descontínuas incorporadas numa fase contínua. A fase descontínua é geralmente mais dura e mais forte do que a fase contínua e é designada por "reforço" ou "material de reforço", enquanto a fase contínua é designada por "matriz". As propriedades dos compósitos dependem fortemente das propriedades dos seus materiais constituintes, da sua distribuição e da interação entre eles. As propriedades do compósito podem ser a soma da fração volumétrica das propriedades dos constituintes ou os constituintes podem interagir de forma sinérgica, resultando em propriedades melhores ou mais elevadas. Para além da natureza dos materiais constituintes, a geometria do reforço (forma, tamanho e distribuição do tamanho) influencia em grande medida as propriedades do compósito. A distribuição da concentração e a orientação do reforço também afectam as propriedades.

A forma da fase descontínua (que pode ser esférica, cilíndrica, ou prismas ou plaquetas rectangulares em forma de cruz), o tamanho e a distribuição do tamanho (que controla a textura do material) e a fração de volume determinam a área interfacial, que desempenha um papel importante na determinação da extensão da interação entre o reforço e a matriz.

A concentração, geralmente medida como volume ou fração de peso, determina a contribuição de um único constituinte para as propriedades globais dos compósitos. Não é apenas o parâmetro mais importante que influencia as propriedades dos compósitos, mas também uma variável de fabrico facilmente controlável utilizada para alterar as suas propriedades [3].

1.3 Classificação dos compósitos

1.3.1 Classificação baseada em matrizes

A matriz é o material monolítico no qual o reforço é incorporado, e é completamente contínua. Isto significa que existe um caminho através da matriz para qualquer ponto do material, ao contrário de dois materiais ensanduichados. Em aplicações estruturais, a matriz é geralmente um metal mais leve, como o alumínio, o magnésio ou o titânio, e fornece um suporte compatível para o reforço. Em aplicações de alta temperatura, as matrizes de cobalto e de ligas de cobalto-níquel são comuns.

Os materiais compósitos são normalmente classificados com base nos constituintes da matriz. As principais classes de materiais compósitos incluem os compósitos de matriz orgânica (OMCs), os compósitos de matriz metálica (MMCs) e os compósitos de matriz cerâmica (CMCs). O termo compósito de matriz orgânica é geralmente considerado como incluindo duas classes de compósitos, nomeadamente os compósitos de matriz polimérica (PMC) e os compósitos de matriz de carbono, normalmente designados por compósitos carbono-carbono.

Estes três tipos de matrizes produzem três tipos comuns de compósitos.

1. **Os compósitos de matriz polimérica** (PMC), dos quais o PRFV é o exemplo mais conhecido, utilizam fibras cerâmicas numa matriz plástica.

2. **Os compósitos de matriz metálica** (MMC) utilizam normalmente fibras de carboneto de silício incorporadas numa matriz feita de uma liga de alumínio e magnésio, mas estão a ser cada vez mais utilizados outros materiais de matriz, como o titânio, o cobre e o ferro. As aplicações típicas das MMCs incluem bicicletas, tacos de golfe e sistemas de orientação de mísseis; uma MMC feita de fibras de carboneto de silício numa matriz de titânio está atualmente a ser desenvolvida para ser utilizada como pele (material da fuselagem) do avião aeroespacial nacional dos EUA.

3. **Os compósitos de matriz cerâmica** (CMC) são o terceiro tipo mais importante e os exemplos incluem fibras de carboneto de silício fixadas numa matriz feita de vidro de borossilicato. A matriz cerâmica torna-os particularmente adequados para utilização em componentes leves e de alta temperatura, tais como peças para motores a jato de aviões [4].

1.3.2 Funções da matriz

Num material compósito, o material da matriz desempenha as seguintes funções:

- Mantém as fibras unidas.
- Protege as fibras do ambiente.
- Distribui as cargas uniformemente entre as fibras, de modo a que todas as fibras sejam sujeitas a uma tensão comum.
- Melhora as propriedades transversais de um laminado.
- Melhora a resistência ao impacto e à fratura de um componente.
- Ajuda a evitar a propagação do crescimento de fissuras através das fibras
- Transportar o cisalhamento interlaminar.

A matriz desempenha um papel menor na capacidade de carga de tração de uma estrutura composta. No entanto, a seleção de uma matriz tem uma grande influência no cisalhamento interlaminar, bem como nas propriedades de cisalhamento no plano do material compósito. A resistência ao corte interlaminar é uma consideração importante no projeto de estruturas sujeitas a cargas de flexão, enquanto a resistência ao corte no plano é importante sob cargas de torção. A matriz fornece apoio lateral contra a possibilidade de encurvadura das fibras sob carga de compressão, influenciando assim, em certa medida, a resistência à compressão do material compósito. A interação entre as fibras e a matriz é também importante na conceção de estruturas tolerantes aos danos. Finalmente, a processabilidade e os defeitos num material compósito dependem fortemente das características físicas e térmicas, tais como a viscosidade, o ponto de fusão e a temperatura de cura da matriz [4].

1.3.3 Propriedades da matriz

- Redução da absorção de humidade.
- Baixo encolhimento.
- Baixo coeficiente de expansão térmica.
- Boas características de fluxo, de modo a penetrar completamente nos feixes de fibras e a eliminar os vazios durante o processo de compactação/cura.
- Resistência, módulo e alongamento razoáveis (o alongamento deve ser superior ao da fibra).

- Deve ser elástico para transferir a carga para as fibras.
- Resistência a temperaturas elevadas (consoante a aplicação).
- Capacidade para baixas temperaturas (consoante a aplicação).
- Excelente resistência química (consoante a aplicação).
- Deve ser facilmente transformável na forma final do compósito.
- Estabilidade dimensional (mantém a sua forma).

A figura 1.2 mostra os tipos de matrizes.

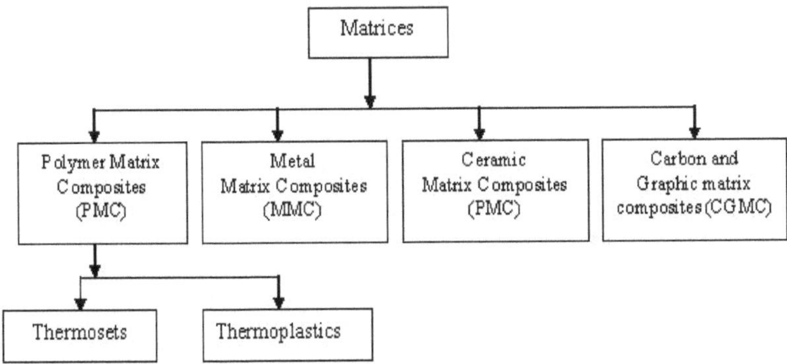

Fig. 1.2- Tipos de matrizes

1.4 Compósitos de matriz polimérica (PMC)

Os polímeros são materiais ideais, uma vez que podem ser facilmente processados e possuem propriedades mecânicas leves e desejáveis. Por conseguinte, as resinas de alta temperatura são amplamente utilizadas em aplicações aeronáuticas. Os dois principais tipos de polímeros são os termoendurecíveis e os termoplásticos. Os termoendurecíveis têm qualidades como uma estrutura molecular tridimensional bem ligada após a cura. Decompõem-se em vez de derreterem quando endurecem. A simples alteração da composição básica da resina é suficiente para alterar as condições adequadas para a cura e determinar as suas outras características.

Os termoplásticos têm estrutura molecular unidimensional ou bidimensional e tendem a estar a uma temperatura elevada e a apresentar pontos de fusão exagerados. Outra vantagem é que o processo de amolecimento a temperaturas elevadas pode reverter-se para recuperar as suas propriedades durante o arrefecimento, facilitando as aplicações das técnicas convencionais de compressão para moldar os compostos. As resinas reforçadas com termoplásticos constituíam atualmente um grupo emergente de compósitos. O tema da maioria das experiências nesta área é melhorar as propriedades de base das resinas e extrair delas as maiores vantagens funcionais em novas vias, incluindo tentativas de substituição de metais em processos de fundição injectada. Nos termoplásticos cristalinos, o reforço afecta consideravelmente a morfologia, levando o reforço a potenciar a nucleação. Quer sejam cristalinas ou amorfas, estas resinas possuem a facilidade de alterar a sua fluência numa extensa gama de temperaturas [5]. A Figura 1.3 mostra os tipos de termoplásticos.

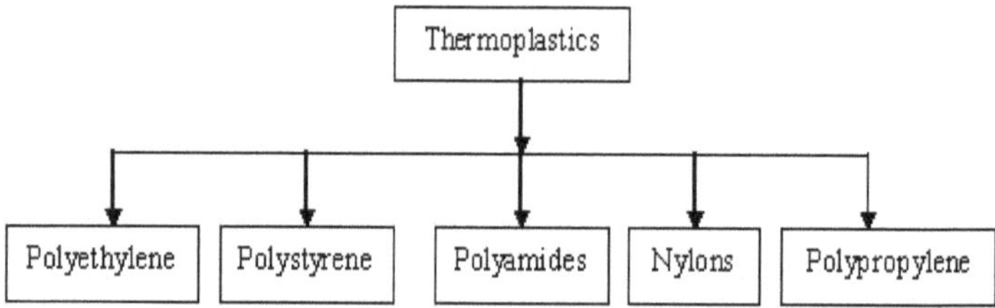

Fig. 1.3- Tipos de termoplásticos

Também é necessário ter em conta uma pequena quantidade de retração e a tendência da forma para manter a sua forma original. Mas os reforços também podem alterar esta situação. A vantagem dos sistemas termoplásticos em relação aos termoendurecíveis é que não estão envolvidas reacções químicas, que frequentemente resultam na libertação de gases ou calor. O fabrico é limitado pelo tempo necessário para aquecer, moldar e arrefecer as estruturas. As resinas termoplásticas são vendidas como compostos de moldagem. O reforço com fibras é adequado para estas resinas. Uma vez que as fibras estão dispersas aleatoriamente, o reforço será quase isotrópico. No entanto, quando sujeitas a processos de moldagem, podem ser alinhadas direccionalmente. Existem algumas opções para aumentar a resistência ao calor nos termoplásticos. A adição de cargas aumenta a resistência ao calor. No entanto, todos os compósitos termoplásticos tendem a perder a sua resistência a temperaturas elevadas. No entanto, as suas qualidades redentoras, como a rigidez, a tenacidade e a capacidade de repudiar a fluência, colocam os termoplásticos no grupo dos materiais compósitos importantes. São utilizados em painéis de controlo de automóveis, revestimento de produtos electrónicos, etc. Os novos desenvolvimentos auguram o alargamento do âmbito das aplicações dos termoplásticos. Atualmente, estão disponíveis enormes folhas de termoplásticos reforçados, que apenas requerem amostragem e aquecimento para serem moldadas nas formas pretendidas.

Este facto facilitou o fabrico fácil de componentes volumosos, eliminando os compostos de moldagem mais pesados. Os termoendurecíveis são as matrizes de compósitos de fibras mais populares, sem as quais a investigação e o desenvolvimento no domínio da engenharia estrutural poderiam ficar truncados. Os componentes aeroespaciais, as peças para automóveis, os sistemas de defesa, etc., utilizam uma grande quantidade deste tipo de compósitos de fibra. Os materiais de matriz epoxídica são utilizados em placas de circuitos impressos e noutras áreas semelhantes [5]. A Figura 1.4 mostra os tipos de materiais termoendurecíveis.

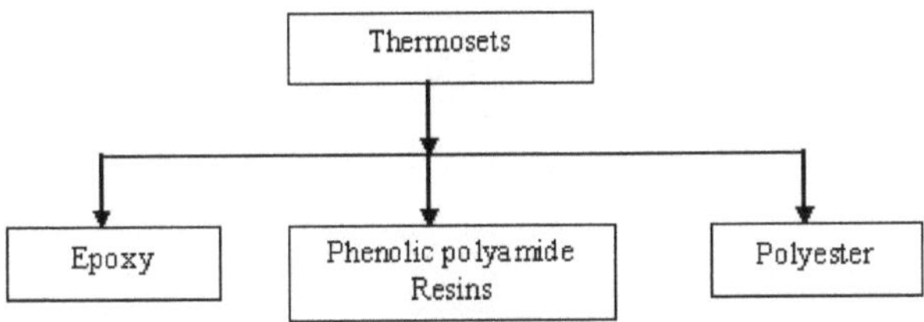

Fig. 1.4 - Tipos de termoendurecíveis

A polimerização por condensação direta seguida de reacções de rearranjo para formar entidades heterocíclicas é o método geralmente utilizado para produzir resinas termoendurecíveis. A água, um produto da reação, em ambos os métodos, impede a produção de compósitos sem vazios. Estes vazios prejudicam as propriedades dos compósitos em termos de resistência e propriedades dieléctricas. Os poliésteres fenólicos e os epóxis são as duas classes mais importantes de resinas termoendurecíveis. As resinas epoxídicas são amplamente utilizadas em compósitos enrolados em filamentos e são adequadas para moldagem de pré-impressão. São razoavelmente estáveis aos ataques químicos e são excelentes aderentes, com retração lenta durante a cura e sem emissão de gases voláteis. Estas vantagens, no entanto, tornam a utilização de epóxis bastante dispendiosa. Além disso, não se pode esperar que ultrapassem uma temperatura de 140°C. Consequentemente, a sua utilização em áreas de alta tecnologia, onde as temperaturas de serviço são mais elevadas, está excluída.

As resinas de poliéster, por outro lado, são facilmente acessíveis, baratas e podem ser utilizadas numa vasta gama de domínios. Os poliésteres líquidos são armazenados à temperatura ambiente durante meses, por vezes durante anos, e a simples adição de um catalisador pode curar o material da matriz num curto espaço de tempo. São utilizados em aplicações automóveis e estruturais. O poliéster curado é geralmente rígido ou flexível, consoante o caso, e transparente. Os poliésteres suportam as variações do ambiente e são estáveis face aos produtos químicos. Dependendo da formulação da resina ou dos requisitos de serviço da aplicação, podem ser utilizados até cerca de 75°C ou mais. Outras vantagens dos poliésteres incluem a fácil compatibilidade com poucas fibras de vidro e podem ser utilizados com a verificação de acessórios de plástico reforçado. A Figura 1.5 mostra um compósito de matriz polimérica.

Fig. 1.5- Compósito de matriz polimérica

1.5 Compósitos de matriz metálica (MMC)

Atualmente, os compósitos de matriz metálica, apesar de suscitarem um grande interesse na comunidade científica, não são tão amplamente utilizados como os seus homólogos de plástico. As matrizes metálicas oferecem uma resistência, uma resistência à fratura e uma rigidez mais elevadas do que as oferecidas pelos seus homólogos poliméricos. Podem suportar temperaturas elevadas em ambientes corrosivos do que os compósitos de polímeros. A maioria dos metais e ligas podem ser utilizados como matrizes e requerem materiais de reforço que têm de ser estáveis numa gama de temperaturas e também não reactivos. No entanto, o aspeto orientador da escolha depende essencialmente do material da matriz. Os metais leves formam a matriz para aplicação à temperatura e os reforços, para além das razões acima mencionadas, são caracterizados por módulos elevados. A maioria dos metais e ligas são boas matrizes. No entanto, na prática, as escolhas para aplicações a baixas temperaturas não são muitas. Apenas os metais leves são adequados, sendo a sua baixa densidade uma vantagem. O titânio, o alumínio e o magnésio são os metais de matriz mais populares atualmente em voga, que são particularmente úteis para aplicações em aeronaves. Se os materiais de matriz metálica tiverem de oferecer uma elevada resistência, necessitam de reforços de elevado módulo. Os rácios resistência/peso dos compósitos resultantes podem ser superiores aos da maioria das ligas.

O ponto de fusão e as propriedades físicas e mecânicas do compósito a várias temperaturas determinam a temperatura de serviço dos compósitos. A maioria dos metais, cerâmicas e compostos pode ser utilizada com matrizes de ligas de baixo ponto de fusão. A escolha dos reforços torna-se mais limitada com o aumento da temperatura de fusão dos materiais da matriz. A Figura 1.6 mostra um compósito de matriz metálica.

Fig. 1.6- Compósito de matriz metálica

1.6 Materiais de matriz cerâmica (CMM)

As cerâmicas podem ser descritas como materiais sólidos que exibem ligações iónicas muito fortes em geral e, em alguns casos, ligações covalentes. Os elevados pontos de fusão, a boa resistência à corrosão, a estabilidade a temperaturas elevadas e a elevada resistência à compressão tornam os materiais de matriz à base de cerâmica os favoritos para aplicações que requerem um material estrutural que não ceda a temperaturas superiores a 1500ºC.

11

Naturalmente, as matrizes cerâmicas são a escolha óbvia para aplicações a altas temperaturas. O elevado módulo de elasticidade e a baixa tensão de tração, que a maioria dos materiais cerâmicos possui, combinaram-se para causar o fracasso das tentativas de adicionar reforços para obter uma melhoria da resistência. Isto deve-se ao facto de, nos níveis de tensão a que as cerâmicas se rompem, não haver alongamento suficiente da matriz, o que impede o compósito de transferir um quantum de carga eficaz para o reforço e o compósito pode falhar, a menos que a percentagem de volume de fibra seja suficientemente elevada. Um material é reforçado para utilizar a maior resistência à tração da fibra, para produzir um aumento na capacidade de carga da matriz. A adição de fibras de alta resistência a uma cerâmica mais fraca nem sempre tem sido bem sucedida e, frequentemente, o compósito resultante revela-se mais fraco. A Figura 1.7 mostra um compósito de matriz cerâmica.

Fig. 1.7 - Compósito de matriz cerâmica

1.7 Classificação com base no tipo de reforço

Reforços: Um material fibroso forte e inerte, tecido ou não tecido, incorporado na matriz para melhorar as suas propriedades físicas e de vidro metálico. Os reforços típicos são o amianto, o boro, o carbono, o vidro metálico e as fibras cerâmicas, o floco, a grafite, a juta, o sisal e os bigodes, bem como o papel picado, os tecidos macerados e as fibras sintéticas. A principal diferença entre reforço e enchimento é que o reforço melhora significativamente a resistência à tração e à flexão, enquanto o enchimento normalmente não o faz. Além disso, para ser eficaz, o reforço deve formar uma ligação adesiva forte com a resina.

O papel do reforço num material compósito é fundamentalmente o de aumentar as propriedades mecânicas do sistema de resina pura. Todas as diferentes fibras utilizadas nos compósitos têm propriedades diferentes e, por isso, afectam as propriedades do compósito de formas diferentes. No entanto, as fibras individuais ou os feixes de fibras só podem ser utilizados isoladamente em alguns processos, como o enrolamento de filamentos. Para a maioria das outras aplicações, as fibras têm de ser dispostas numa forma de folha, conhecida como tecido, para possibilitar o seu manuseamento. As diferentes formas de montagem das fibras em folhas e a variedade de orientações das fibras podem levar à existência de muitos tipos diferentes de tecidos, cada um dos quais com as suas próprias características. A figura 1.8 mostra os tipos de reforço.

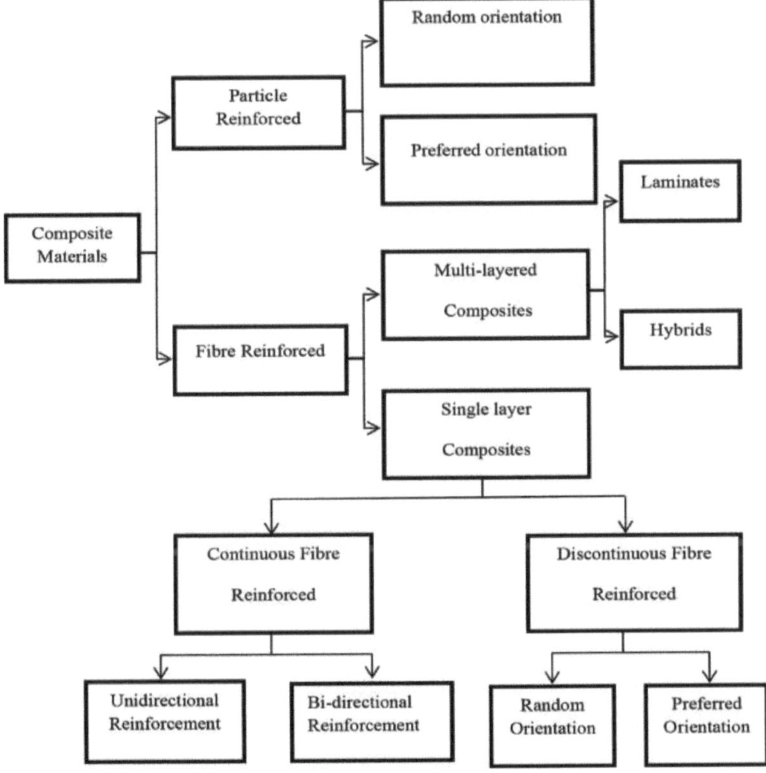

Fig. 1.8- Tipos de armaduras

Os reforços para os compósitos podem ser fibras, partículas de tecido ou whiskers. As fibras são essencialmente caracterizadas por um eixo muito longo com outros dois eixos frequentemente circulares ou quase circulares. As partículas não têm uma orientação preferencial e o mesmo acontece com a sua forma. Os constituintes de reforço dos compósitos, como a palavra indica, fornecem a resistência que faz do compósito aquilo que ele é. Mas também servem determinados objectivos adicionais. Mas também servem determinados objectivos adicionais de resistência ao calor ou condução, resistência à corrosão e rigidez. O reforço pode ser feito para desempenhar todas ou uma destas funções, consoante os requisitos. Um reforço que embeleza a resistência da matriz deve ser mais forte e mais rígido do que a matriz e capaz de alterar o mecanismo de falha em benefício do compósito. Isto significa que a ductilidade deve ser mínima ou mesmo nula e que o compósito deve comportar-se da forma mais frágil possível.

1.7.1 Compósitos reforçados com fibras

As fibras são uma classe importante de reforços, uma vez que satisfazem as condições desejadas e transferem força para o constituinte da matriz, influenciando e melhorando as suas propriedades conforme desejado. As fibras de vidro são as primeiras fibras conhecidas utilizadas para reforçar materiais. As fibras cerâmicas e metálicas foram posteriormente descobertas e amplamente utilizadas para tornar os compósitos mais rígidos e mais resistentes ao calor. As fibras ficam aquém do desempenho ideal devido a vários factores. O desempenho de um compósito de fibras é avaliado em função do seu comprimento, forma, orientação e composição das fibras e das propriedades mecânicas da matriz.

A orientação da fibra na matriz é uma indicação da resistência do compósito e a resistência é maior ao longo da direção longitudinal da fibra. Isto não significa que as fibras longitudinais possam suportar a mesma quantidade de carga, independentemente da direção em que esta é aplicada. O desempenho ótimo das fibras longitudinais pode ser obtido se a carga for aplicada ao longo da sua direção. A mais pequena deslocação do ângulo de carga pode reduzir drasticamente a resistência do compósito. As fitas de monocamada constituídas por fibras contínuas ou descontínuas podem ser orientadas unidireccionalmente e empilhadas em camadas contendo filamentos também orientados na mesma direção. Também são possíveis orientações mais complicadas e, atualmente, são utilizados computadores para fazer projecções dessas variações para satisfazer necessidades específicas. Em suma, nos compósitos planares, a resistência pode ser alterada a partir de compósitos orientados por fibras unidireccionais que resultam em compósitos com propriedades quase isotrópicas.

1.7.2 Papel das fibras

Os pontos a ter em conta na seleção dos reforços incluem a compatibilidade com o material da matriz, a estabilidade térmica, a densidade, a temperatura de fusão, etc. A eficiência dos compósitos reforçados de forma descontínua depende da resistência à tração e da densidade das fases de reforço. A compatibilidade, a densidade, a estabilidade química e térmica do reforço com o material da matriz são importantes para o fabrico do material, bem como para a aplicação final. A tensão de discórdia térmica entre a matriz e o reforço é um parâmetro importante para os compósitos utilizados em aplicações de ciclos térmicos. É uma função da diferença entre os coeficientes de expansão térmica da matriz e do reforço. O processo de fabrico selecionado e o reforço afectam a estrutura cristalina. A Figura 1.9 mostra um compósito reforçado com fibras.

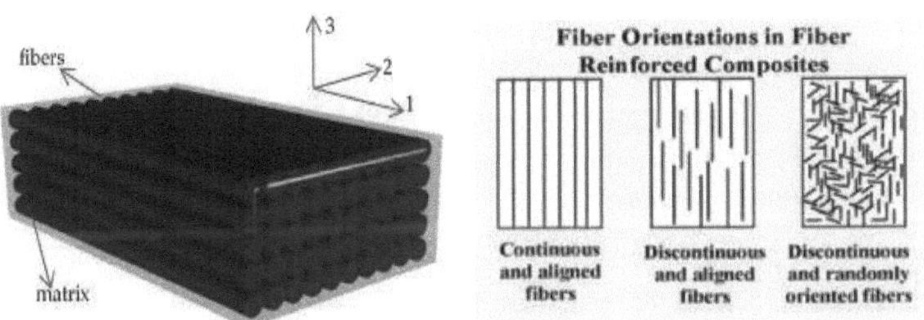

Fig. 1.9- Compósitos reforçados com fibras

1.7.3 Compósitos reforçados com partículas

O tamanho da dispersão nos compósitos de partículas é da ordem de alguns microns e a concentração volumétrica é superior a 28%. A diferença entre os compósitos de partículas e os reforçados por dispersão é, por conseguinte, evidente. O mecanismo utilizado para reforçar cada um deles é também diferente. Os dispersos nos materiais reforçados por dispersão reforçam a liga da matriz travando o movimento das deslocações e necessitam de grandes forças para fraturar a restrição criada pela dispersão. Nos compósitos particulados, as partículas reforçam o sistema pela coerção hidrostática das cargas nas matrizes e pela sua dureza relativamente à matriz.

O reforço tridimensional em compósitos oferece propriedades isotrópicas, devido aos três planos sistematicamente ortogonais. Uma vez que não é homogéneo, as propriedades do material adquirem sensibilidade às propriedades dos constituintes, bem como às propriedades interfaciais e às formas geométricas da matriz. A resistência do compósito depende normalmente do diâmetro das partículas, do espaçamento entre partículas e da fração volumétrica do reforço. As propriedades da matriz também influenciam o comportamento do compósito de partículas. A Figura 1.10 mostra um compósito reforçado com partículas.

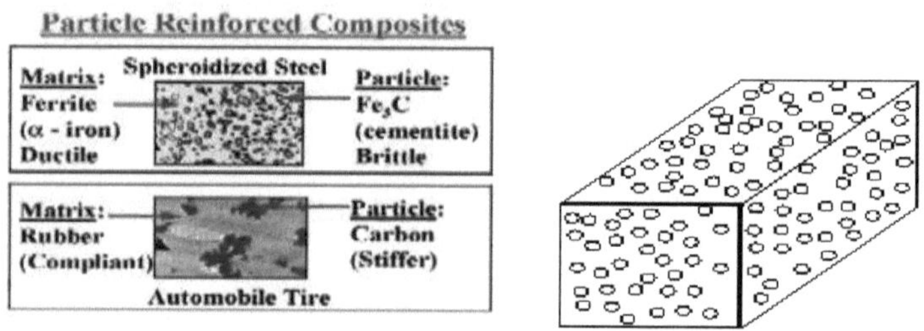

Fig. 1.10- Compósitos reforçados com partículas

1.7.4 Compósitos laminados

Os compósitos laminares podem ser encontrados em tantas combinações quanto o número de materiais. Podem ser descritos como materiais que compreendem camadas de materiais ligados entre si. Podem ser constituídos por várias camadas de dois ou mais materiais metálicos que se encontram alternadamente ou numa determinada ordem, mais do que uma vez, e em tantos números quantos os necessários para um objetivo específico. Os laminados revestidos e em sanduíche têm muitas áreas como deveriam ser, embora se saiba que seguem a regra das misturas do ponto de vista do módulo e da resistência. Outros valores intrínsecos dos compósitos de matriz metálica e reforçados com metal são também bastante conhecidos.

Os processos de metalurgia do pó, como a colagem por rolo, a prensagem a quente, a colagem por difusão, a brasagem, etc., podem ser utilizados para o fabrico de diferentes ligas de chapa, folha, pó ou materiais pulverizados. Não é possível obter materiais de elevada resistência, ao contrário do que acontece com a versão em fibra. Mas as chapas e folhas podem ser isotrópicas em duas dimensões mais facilmente do que as fibras. As folhas e lâminas também podem ser fabricadas para apresentar percentagens elevadas dos materiais em que são colocadas. Por exemplo, uma folha forte pode utilizar mais de 92% numa estrutura laminar, enquanto é difícil fabricar fibras com tais composições. Os laminados de fibras não podem ter mais de 75% de fibras fortes. Os principais tipos funcionais de laminados metal-metal que não possuem elevada resistência ou rigidez são os de camada única que conferem aos compósitos propriedades especiais, para além de serem económicos. São normalmente fabricados por métodos de pré-revestimento ou de revestimento. Os metais pré-revestidos são formados através da formação de uma camada sobre um substrato, sob a forma de uma película fina contínua. Isto é conseguido por imersão a quente e, ocasionalmente, por revestimento químico e galvanoplastia. Os metais revestidos são considerados adequados para ambientes mais intensivos, onde são necessárias faces mais densas.

Existem muitas combinações de folhas e películas que funcionam como adesivos a baixas temperaturas. Estes materiais, plásticos ou metais, podem ser associados a um terceiro constituinte. O metal pré-pintado ou pré-acabado, cuja principal vantagem é a eliminação do acabamento final pelo utilizador, é o laminado metal-orgânico mais conhecido. Várias combinações de metal-plástico, laminados de vinil-metal, películas orgânicas e metais representam até 95% dos laminados metal-plástico conhecidos. São fabricados por processos de ligação adesiva. A figura 1.11 mostra os compósitos laminados.

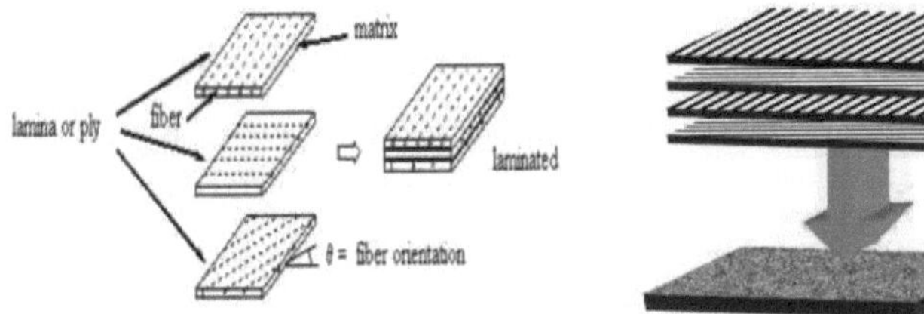

Fig. 1.11- Compósitos laminados

1.8 Compósito híbrido

A incorporação de vários tipos diferentes de fibras numa única matriz levou ao desenvolvimento de biocompósitos híbridos. O comportamento dos compósitos híbridos é uma soma ponderada dos componentes individuais, em que existe um equilíbrio mais favorável entre as vantagens e desvantagens inerentes. Além disso, utilizando um compósito híbrido que contém dois ou mais tipos de fibras, as vantagens de um tipo de fibra podem complementar o que falta no outro. Consequentemente, é possível alcançar um equilíbrio entre o custo e o desempenho através de uma conceção adequada do material. As propriedades de um compósito híbrido dependem principalmente do teor de fibras, do comprimento das fibras individuais, da orientação, da extensão da mistura das fibras, da ligação fibra-matriz e da disposição de ambas as fibras. A resistência do compósito híbrido depende também da tensão de rotura das fibras individuais. Os resultados híbridos máximos são obtidos quando as fibras são altamente compatíveis com a deformação.

O termo efeito híbrido tem sido utilizado para descrever o fenómeno de uma aparente melhoria sinérgica das propriedades de um compósito que contém dois ou mais tipos de fibras. A seleção dos componentes que constituem o compósito híbrido é determinada pelo objetivo da hibridação e pelos requisitos impostos ao material ou à construção que está a ser concebida. O problema da seleção do tipo de fibras compatíveis e do nível das suas propriedades é de primordial importância na conceção e produção de compósitos híbridos. O sucesso da utilização de compósitos híbridos é determinado pela estabilidade química, mecânica e física do sistema fibra/matriz.

1.8.1 Tipos de compósitos híbridos

(1) **Interply ou tow by tow** - em que os cabos de dois ou mais tipos de fibras constituintes são misturados de forma regular ou aleatória.

(2) **Híbridos sanduíche** - também conhecidos como core-shell, em que um material é ensanduichado entre duas camadas de outro.

(3) **Interply ou laminado**, em que camadas alternadas dos dois (ou mais) materiais são empilhadas regularmente.

(4) **Híbridos de mistura íntima**, em que as fibras constituintes são misturadas de forma tão aleatória quanto possível, de modo a que não haja uma concentração excessiva de qualquer tipo no material.

A Figura 1.12 mostra os tipos de compósitos híbridos.

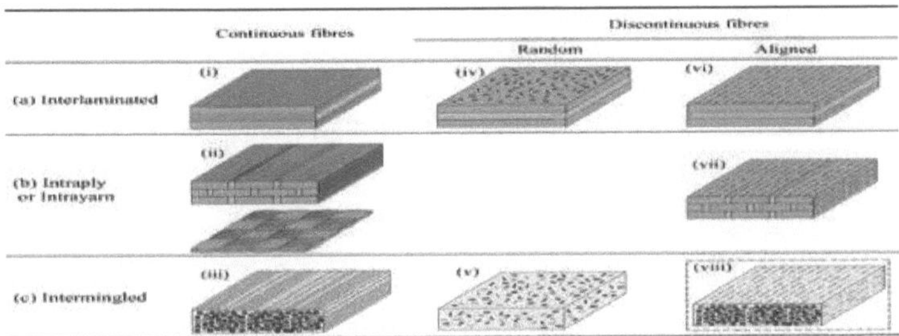

Fig. 1.12-Tipos de compósito híbrido

1.8.2 Regra da mistura.

Fracções de volume:

Considere um material compósito que consiste em fibras e material de matriz. O volume do material compósito é igual à soma do volume das fibras e do volume da matriz. Portanto,

$$v_c = v_f + v_m$$

Onde , v_c - volume do material compósito

v_f - volume de fibra

v_m - volume da matriz

Seja, a fração volumétrica da fibra V_f e a fração volumétrica da matriz V_m sejam definidas como

$$V_f = \frac{v_f}{v_c} \qquad e$$

$$V_m = \frac{v_m}{v_c}$$

De modo a que a soma das fracções de volume seja

$$V_f + V_m = 1$$

Fracções de peso:

Assumindo que o material compósito é constituído por fibras e material de matriz, o peso do material compósito é igual à soma do peso das fibras e do peso da matriz. Portanto,

$$w_c = w_f + w_m$$

onde, w_c - peso do material compósito

w_f - peso da fibra

w_m - peso da matriz

As fracções de peso (fracções de massa) da fibra e da matriz são definidas como

$$W_f = \frac{w_f}{w_c} \quad \text{e}$$

$$W_m = \frac{w_m}{w_c}$$

De modo a que a soma das fracções ponderais seja

$$W_f + W_m = 1$$

Densidade:

A densidade do material compósito pode ser definida como a relação entre o peso do material compósito e o volume do material compósito e é expressa como

$$\rho_c = \frac{w_c}{v_c}$$

Mas, $v_c = v_f + v_m$, e $V = \frac{w}{\rho}$,

Por conseguinte, a equação acima pode ser reescrita como

$$\frac{w_c}{\rho_c} = \frac{w_f}{\rho_f} + \frac{w_m}{\rho_m}$$

$$\frac{w_c}{\rho_c} = \frac{w_f}{\rho_f} + \frac{w_m}{\rho_m}$$

$$\frac{1}{\rho_c} = \left(\frac{1}{\rho_f}\right) + \left(\frac{w_f}{w_c}\right) + \frac{1}{\rho_m}\left(\frac{w_m}{w_c}\right)$$

Escrevendo em termos de fracções de peso,

$$\frac{1}{\rho_c} = \frac{W_f}{\rho_f} + \frac{W_m}{\rho_m}$$

$$\frac{1}{\rho_c} = \frac{W_f}{\rho_f} + \frac{W_m}{\rho_m}$$

A densidade do material compósito em termos de fracções de peso pode ser escrita como

$$\rho_c = \frac{1}{\left(\dfrac{W_f}{\rho_f} + \dfrac{W_m}{\rho_m}\right)}$$

$$\rho_c = \frac{1}{\sum_{i=1}^{n}\left(\dfrac{W_i}{\rho_i}\right)}$$

Além disso, a equação $W_c = W_f + W_m + W_m$ pode, em geral, ser reescrita como

$$\rho_c \rho_v = \rho_f v_f + \rho_m v_m$$

$$\rho_c = \rho_f \left(\frac{v_f}{v_c}\right) + \rho_m \left(\frac{v_f}{v_c}\right)$$

Se escrevermos em termos de fracções de volume, a densidade do material compósito escreve-se como

$$\rho_c = \rho_f \rho_f + \rho_m V_m$$

Conteúdo nulo:

Durante a incorporação de fibras na matriz ou o fabrico de laminados, o ar ou outros voláteis podem ficar retidos no material. O ar ou os voláteis aprisionados existem no laminado como microvazios, o que pode afetar significativamente algumas das suas propriedades mecânicas. Um elevado teor de vazios (mais de 5% em volume) conduz normalmente a uma menor resistência à fadiga, a uma maior suscetibilidade à difusão de água e a uma maior variação (dispersão) das propriedades mecânicas. O teor de vazios num laminado compósito pode ser estimado comparando a densidade teórica com a sua densidade real.

$$v_{void} = \left(\frac{\rho_{ct} - \rho_{ce}}{\rho ct}\right) * 100$$

Onde, ρ_{ct} — densidade teórica do material compósito

ρ_{ct} — densidade experimental do material compósito

1.9 Vantagens e limitações dos materiais compósitos

1.9.1 Vantagens dos materiais compósitos

- Elevada resistência à degradação por fadiga e corrosão.
- Elevada relação "resistência ou rigidez/peso". Como já foi referido, as poupanças de peso são significativas, variando entre 25 e 45% do peso dos projectos metálicos convencionais.

- Devido à maior fiabilidade, há menos inspecções e reparações estruturais.
- Capacidades de adaptação direcional para cumprir os requisitos do projeto. O padrão de fibras pode ser colocado de forma a adaptar a estrutura para suportar eficazmente as cargas aplicadas.
- Caminho de carga redundante de fibra para fibra.
- A resistência à mossa é normalmente melhorada. Os painéis compósitos não sofrem danos tão facilmente como as chapas metálicas de calibre fino.
- É mais fácil obter perfis aerodinâmicos suaves para reduzir o arrastamento. Peças complexas de dupla curvatura com um acabamento de superfície liso podem ser feitas numa única operação de fabrico.
- Os compósitos oferecem uma maior rigidez à torção. Isto implica velocidades de rotação elevadas, um número reduzido de rolamentos intermédios e de elementos estruturais de apoio. O número total de peças e os custos de fabrico e montagem são assim reduzidos.
- Elevada resistência aos danos por impacto.
- Os termoplásticos têm ciclos de processamento rápidos, o que os torna atractivos para aplicações comerciais de grande volume que tradicionalmente têm sido do domínio das chapas metálicas. Além disso, os termoplásticos também podem ser reformados.
- Tal como os metais, os termoplásticos têm um prazo de validade indefinido.
- Os materiais compósitos são dimensionalmente estáveis, ou seja, têm baixa condutividade térmica e baixo coeficiente de expansão térmica. Os materiais compósitos podem ser adaptados para cumprir uma vasta gama de requisitos de design de expansão térmica e para minimizar as tensões térmicas.
- O fabrico e a montagem são simplificados devido à integração das peças (redução de juntas/afinadores), reduzindo assim os custos.
- A melhor resistência às intempéries dos compósitos num ambiente marinho, bem como a sua resistência à corrosão e durabilidade, reduzem o tempo de paragem para manutenção.
- É possível obter tolerâncias estreitas sem maquinagem.
- O material é reduzido porque as peças e estruturas compósitas são frequentemente construídas de acordo com a sua forma, em vez de serem maquinadas para a configuração necessária, como é comum nos metais.

- As excelentes propriedades de dissipação de calor dos compósitos, especialmente do carbono-carbono, combinadas com a sua leveza, alargaram a sua utilização nos travões das aeronaves.
- Propriedades de fricção e desgaste melhoradas.
- A capacidade de adaptar as propriedades básicas do material de um laminado permitiu novas abordagens à conceção de estruturas de voo aeroelásticas.

1.9.2 Limitações dos compósitos

Algumas das desvantagens associadas aos compósitos avançados são as seguintes

- Custo elevado das matérias-primas e do fabrico.
- Os compósitos são mais frágeis do que os metais forjados, pelo que se danificam mais facilmente.
- As propriedades transversais podem ser fracas.
- A matriz é fraca e, por conseguinte, pouco resistente.
- A reutilização e a eliminação podem ser difíceis.

As novas tecnologias proporcionaram uma variedade de fibras e matrizes de reforço que podem ser combinadas para formar compósitos com uma vasta gama de propriedades excepcionais. Uma vez que os compósitos avançados são capazes de proporcionar eficiência estrutural com pesos mais baixos em comparação com estruturas metálicas equivalentes, surgiram como os principais materiais para utilização futura. Nas aplicações aeronáuticas, os compósitos avançados reforçados com fibras estão atualmente a ser utilizados em muitas aplicações estruturais, nomeadamente vigas de piso, capotas de motor, superfícies de controlo de voo, portas de trem de aterragem, carenagens asa-corpo, etc., e também em estruturas de suporte de carga importantes, incluindo as caixas de binário principal do estabilizador vertical e horizontal. Os compósitos estão também a ser considerados para utilização em melhoramentos de infra-estruturas civis, nomeadamente suportes de auto-estradas à prova de sismos, moinhos de vento geradores de energia, pontes de grande vão, etc.

1.10 Aplicações dos compósitos

1.10.1 Indústria aeroespacial

O avião de combate ligeiro autóctone (LCA - Tejas) tem compósitos de Kevlar no cone do nariz, compósitos de vidro na barbatana da cauda e compósitos de carbono em quase todas as partes da fuselagem e das asas, exceto nas superfícies de controlo da asa. Além disso, o helicóptero ligeiro de combate autóctone (LCH - Dhruv) utiliza compósitos de carbono nas pás do rotor principal. Os outros compósitos são utilizados no rotor de cauda, na barbatana vertical, no estabilizador, na carenagem, no radome, nas portas, no cockpit, nos

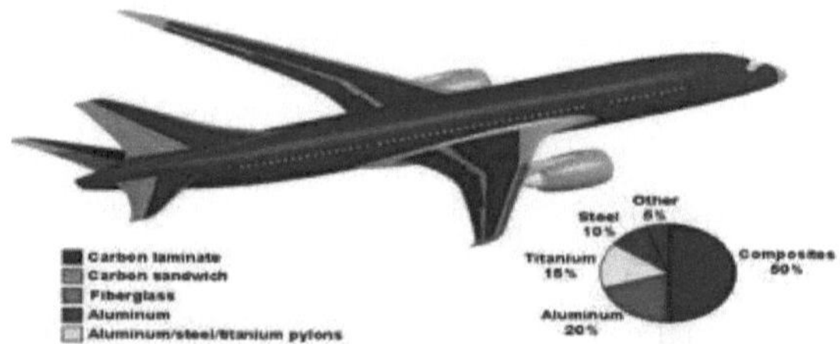

cascos laterais, etc. A figura 1.13 mostra a aplicação de materiais compósitos no sector aeroespacial.

Fig. 1.13 Aplicação do compósito no sector aeroespacial

1.10.2 Engenharia automóvel

Menor peso e maior durabilidade, resistência à corrosão, vida útil à fadiga, resistência ao desgaste e ao impacto. Eixos de transmissão, pás e coberturas da ventoinha, molas, para-choques, painéis interiores, pneus, maxilas de travão, placas de embraiagem, juntas, mangueiras, correias e peças do motor. A Figura 1.13 mostra as fibras naturais utilizadas no fabrico de 50 componentes do Mercedes-Benz Classe E. A Tabela 1.1 mostra a aplicação recente de compósitos de polímeros reforçados com fibras naturais em diferentes automóveis e a Tabela 1.2 mostra a utilização de compósitos de fibras naturais em partes interiores e exteriores dos automóveis.

Quadro 1.1 Aplicações recentes de compósitos de polímeros reforçados com fibras naturais em diferentes automóveis

Automotive manufacturer	Model/parts
Audi	A3, A4, A4 Avant, A6, A8, Roadster, coupe seat backs, side and back door panels, boot lining, hat rack, and spare tire lining
BMW	3, 5, 7 series and others door panels, headliner panel, boot lining, and seat backs
Fiat	Punto, Brava, Marea, Alfa Romeo 146, 156
Ford	Mondeo CD 162, Focus door panels, B-pillar, and boot liner
Renault	Clio
Diamler/Chrysler	A, C, E, S series door panel, wind shield dashboard, business table, and pillar cover panel
Opel	Astra, Vectra, Zafira Headliner panel, pillar cover panel, door panel, instrument panel
Peugeot	New Model 406
Rover	Rover 2000 and others insulation, and rear storage shelf/panel
Saab	Door panels
Seat	Door panel and seat back
Volkswagen	Golf A4, Passat Variant, Bora Door panel, seat back, boot lid finish panel, and boot liner
Volvo	C70 and V70

Tabela 1. 2 Utilização de compósitos de fibras naturais em peças interiores e exteriores de automóveis

Vehicle parts	Natural fiber-based polymer composite
Glove box	Wood/cotton and flax/sisal
Door panels	Flax/sisal thermosets resin
Seat covering	Leather/wool backing
Seat surface/backrest	Coconut fiber natural rubber
Trunk panel	Cotton fiber
Trunk floor	Cotton polypropylene
Insulations	Cotton fiber
Floor panel	Flax mat/polypropylene
Side panel Audi A3	Acrylonitrile-butadiene styrene copolymer with hemp fiber epoxy resin
Insulation component of Ford car	Glass fiber/polypropylene
Transport panel	Glass fiber/polypropylene

Fig. 1.14 - Linho, cânhamo, sisal, lã e outras fibras naturais são utilizadas no fabrico de 50 componentes do Mercedes-Benz Classe E

1.10.3 Nacionais

Os termoplásticos reforçados moldados por injeção e os compostos de moldagem de poliéster são talvez os compósitos mais comuns utilizados em artigos de consumo para o mercado doméstico, e a gama é vasta. Moldes de todos os tipos, desde equipamentos de cozinha de todos os tipos até invólucros para toda a gama de equipamentos eléctricos domésticos e profissionais, capacetes de proteção para motociclos, invólucros para televisores e computadores e mobiliário. A figura 1.14 mostra a aplicação do compósito no sector doméstico.

Fig. 1.15- Aplicação do compósito no sector doméstico

1.10.4 Engenharia eletrónica

As pastilhas dos dispositivos de computação eletrónica são sistemas híbridos laminados compostos por várias camadas (materiais) que desempenham diferentes funções. O chip deve ter boas propriedades de transferência de calor e deve ser capaz de suportar tensões térmicas induzidas sem delaminar. O compósito tem uma vasta utilização em materiais de embalagem eletrónica. A Figura 1.15 mostra a aplicação do compósito na engenharia eletrónica.

Fig. 1.16- Aplicação do compósito na engenharia eletrónica

1.10.5 Desporto

Raquetes de ténis, tacos de golfe, tacos de basebol, capacetes, esquis, sticks de hóquei, canas de pesca, cascos de barcos, pranchas de windsurf, esquis aquáticos, velas, canoas e barcos de corrida, remos, cordas para iates, lanchas rápidas, tanques de mergulho, carros de corrida com peso reduzido, manutenção e resistência à corrosão. A figura 1.16 mostra a aplicação do compósito no desporto.

Fig. 1.17 - Aplicação do compósito no desporto

1.11 Fibra natural

As fibras naturais são classificadas em três categorias. São elas as fibras vegetais, as fibras animais e as fibras minerais. As fibras vegetais são tipos importantes de fibras naturais e são geralmente constituídas principalmente por celulose, hemicelulose, lenhina e pectina. As fibras naturais mais importantes são o algodão, a juta, o linho, o rami, o sisal e o cânhamo. As fibras de celulose são principalmente utilizadas no fabrico de papel e tecido. Esta fibra é classificada em fibras de sementes, fibras de folhas, fibras liberianas / fibras do caule, fibras de frutos e fibras do caule. A Figura 1.17 mostra a classificação das fibras naturais.

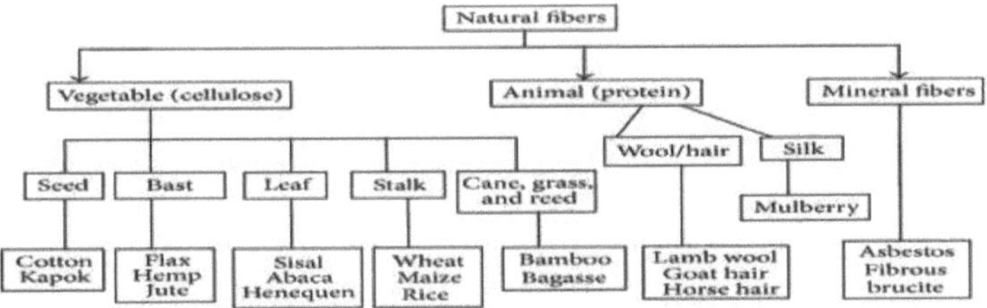

Fig.1.18- Classificação das fibras naturais

1.11.1 Fibra vegetal

As fibras vegetais são um material compósito concebido pela natureza. As fibras são uma matriz rígida, cristalina, de lenhina amorfa reforçada com microfibrilas de celulose e/ou hemicelulose. A maioria das fibras vegetais é composta por celulose, hemiceluloses, lenhina, ceras e alguns compostos solúveis em água. A composição percentual de cada um destes componentes varia consoante as fibras. Geralmente, a fibra contém 60-80 % de celulose, 5-20% de lenhina e até 20 % de humidade. As plantas que produzem fibras naturais são classificadas como primárias e secundárias, consoante a sua utilização. As plantas primárias são aquelas que são cultivadas pelo seu teor de fibras, enquanto as plantas secundárias são aquelas em que as fibras são produzidas como um subproduto. A juta, o cânhamo, o kenaf e o sisal são exemplos de plantas primárias. O ananás, o óleo de palma e a fibra de coco são exemplos de plantas secundárias. A Tabela 1.3 mostra as principais fontes de fibras comerciais.

Quadro 1.3 - Principais fontes de fibra comercial

Fonte de fibra	Produção mundial em toneladas
Bambu	**30,000**
Juta	2300
Kenaf	970
Linho	**830**
Sisal	378
Cânhamo	214
Fibra de coco	100

1.11.2 Tipos de fibras vegetais

- **Fibra de linho**: O linho é uma das culturas de fibras mais antigas do mundo, cultivada em regiões temperadas. Os compósitos plásticos reforçados com fibras de linho têm atraído um interesse crescente devido às vantagens das fibras de linho, tais como a baixa densidade, a tenacidade relativamente elevada, a elevada resistência e rigidez e a biodegradabilidade. As fibras de linho têm propriedades de tração específicas superiores às das fibras de vidro E.

- **Fibra de Kenaf:** O Kenaf é uma das fibras naturais (vegetais) utilizadas como reforço em compósitos de matriz polimérica (PMCs). O Kenaf (Hibiscus cannabinus, família Malvacea) é uma importante fonte de fibra para compósitos e outras aplicações industriais. Os filamentos de Kenaf consistem em fibras individuais discretas, geralmente de 2-6 mm. As propriedades dos filamentos e das fibras individuais podem variar consoante as fontes, a idade, a técnica de separação e o historial das fibras. O caule da planta de kenaf é reto e não ramificado e é composto por uma camada exterior de casca e núcleo. A casca constitui 30-40% do peso seco do caule e apresenta uma estrutura bastante densa.

- **Fibra de cânhamo:** Outra cultura notável de fibras liberianas é o cânhamo, que pertence à família da canábis. É uma planta anual que cresce em climas temperados. O cânhamo é conhecido por fornecer excelente resistência mecânica e módulo de Young, consistindo em celulose (55-72%), hemiceluloses (8-19%), lignina (2-5%), cera (<1%) e minerais (4%). Estima-se que, nos últimos anos, a China se tornou o líder mundial na produção de fibras de cânhamo, com quase um terço da produção total. No entanto, a aplicação da fibra de cânhamo continua a ser sobretudo na indústria têxtil.

- **Fibra de juta:** A juta é produzida a partir de plantas do género Corchorus, que inclui cerca de 100 espécies. As fibras são extraídas da fita do caule. Entre todas as fibras naturais, as fibras de juta estão facilmente disponíveis sob a forma de tecido e de fibra com boas propriedades mecânicas e térmicas. A juta tem características semelhantes às da madeira, uma vez que é uma fibra liberiana. A fibra de juta tem um rácio de aspeto elevado, uma elevada relação resistência/peso e boas propriedades de isolamento. O compósito de polímero reforçado com fibra de juta foi testado para portas, janelas, mobiliário e ladrilhos.

- **Fibra de Rami:** A popularidade do Rami como fibra têxtil tem sido limitada em grande parte pelas regiões de produção e por uma composição química que tem exigido um pré-tratamento mais dispendioso do que o exigido para as outras fibras liberianas comercialmente importantes.

- **Fibra de bambu:** O bambu (Bambusa Shreb) é uma planta perene, que cresce até 40 m de altura em climas de monção. Uma planta de bambu tende a atingir o seu tamanho maduro em seis a oito meses, com alguma variação entre espécies. A diversidade do bambu reflecte-se no seu número de espécies, existindo cerca de 1000 espécies de bambu em todo o mundo. O bambu cresce muito rapidamente, ou melhor, é melhor dizer que é uma erva de crescimento extremamente rápido. Desde a antiguidade que o bambu é utilizado em muitos países asiáticos e na América do Sul há séculos. O bambu pode ser considerado um substituto ecologicamente viável para a madeira, que demora quase mais de 20 anos.

- **Fibra de Sisal:** O sisal é uma agave (Agave sisalana) e é produzido comercialmente no Brasil e na África Oriental. A fibra de sisal é uma das fibras naturais mais utilizadas e é muito fácil de cultivar, tem tempos de renovação curtos e cresce selvagem nas sebes dos campos e nas linhas de caminho de ferro.

- **Abacá:** A fibra de abaca/banana, proveniente da bananeira, é durável e resistente à água do mar. A abaca, a mais forte das fibras celulósicas disponíveis no mercado, é originária das Filipinas e é atualmente produzida nesse país e no Equador. Em tempos, foi a fibra de cordame preferida para aplicações marítimas.

- **Bagaço:** O bagaço é o resíduo fibroso que permanece depois de os caules da cana-de-açúcar serem esmagados para extrair o seu sumo. Atualmente, é utilizado como fibra natural renovável para o fabrico de compósitos. O bagaço tem uma resistência à tração de

resistência de 290 MPa e uma densidade de 1,25 gm/cm^3 . A figura 1.18 mostra os tipos de fibras vegetais.

Fig. 1.19- Tipos de fibras vegetais

1.12 Estrutura e composição das fibras naturais

A estrutura da fibra desempenha um papel muito importante nas propriedades mecânicas dos compósitos. As fibras vegetais naturais são as fibras de celulose, que consistem em algumas microfibrilas de celulose enroladas helicoidalmente e estas estão ligadas entre si por uma matriz de lenhina amorfa. A lenhina ajuda a manter a água nas fibras. Actua como uma proteção contra o ataque biológico e fornece força aos caules para resistir às forças da gravidade e ao vento. As hemiceluloses presentes nas fibras naturais actuam como um compatibilizador entre a celulose e a lenhina. Cada fibra é constituída por uma estrutura complexa e estratificada, com uma parede primária fina, que é a primeira camada depositada durante o crescimento celular, rodeada por uma parede secundária. A figura 1.19 mostra a estrutura e a composição da fibra natural.

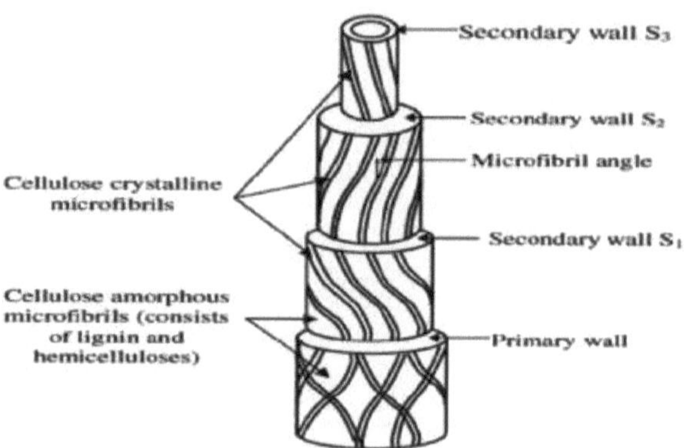

Fig. 1.20- Estrutura e composição da fibra natural

A parede secundária é constituída por três camadas e a camada intermédia espessa define as propriedades mecânicas da fibra. A camada intermédia tem uma série de microfibrilas celulares enroladas helicoidalmente, que são formadas por moléculas de celulose de cadeia longa. O ângulo formado entre o eixo da fibra e as microfibrilas é designado por ângulo microfibrilar e o valor do ângulo microfibrilar varia de uma fibra para outra.

1.12.1 Propriedades mecânicas das fibras naturais

As propriedades mecânicas do compósito FRP natural dependem do reforço, da matriz e da adesão entre eles. A falha de qualquer parâmetro pode causar a falha de outros. As propriedades mecânicas da fibra natural são um parâmetro importante do qual dependem as propriedades mecânicas do compósito.

Tabela 1.4 - Propriedades mecânicas das fibras naturais

Nome da fibra	Densidade (gm/cm)^3	Resistência à tração (MPa)	Módulo de tração (GPa)	Módulo específico (E/p)	Alongamento na rutura (%)
Abacá	1.5	400	12	8	10
Bambu	**1.1**	**800**	**35.91**	**32.6**	**1.40**
Banana	1.35	600	17.85	13.2	3.36
Côco	1.15	500	2.5	2.17	20

Fibra de coco	1.2	175	4-6	3.3-5	30
Algodão	1.6	597	12.6	7.9	8
Linho	**1.5**	**1500**	**80**	**53**	**3.2**
Cânhamo	1.48	900	70	47.3	4
Juta	1.46	800	30	20.6	1.8
Kenaf	1.45	930	53	36.55	1.6
Sisal	1.45	640	22	15.2	7

1.12.2 Propriedades químicas das fibras naturais

As fibras naturais são geralmente compostas por celulose, hemiceluloses, lenhina e ceras. A celulose, as hemiceluloses e a lenhina são os principais constituintes das fibras naturais. As fibras naturais contêm geralmente 60-80% de celulose, 4-20% de hemiceluloses, e as fibras com uma elevada quantidade de lenhina apresentam uma menor afinidade com a humidade em comparação com as fibras de celulose. A elevada quantidade de lenhina (40-45%) na fibra de coco apresenta uma propriedade mínima de absorção de humidade de 5-20% de lenhina.

As fibras naturais são geralmente compostas por celulose, hemiceluloses, lenhina e ceras. A celulose, as hemiceluloses e a lenhina são os principais constituintes das fibras naturais. As fibras naturais contêm geralmente 60-80% de celulose, 4-20% de hemiceluloses e As fibras com uma elevada quantidade de lenhina apresentam uma menor afinidade com a humidade em comparação com as fibras de celulose. A elevada quantidade de lenhina (40-45%) na fibra de coco apresenta uma propriedade mínima de absorção de humidade de 5-20% de lenhina.

Tabela 1. 5- Propriedades químicas das fibras naturais

Nome da fibra	Celulose (wt%)	Lignina (wt%)	Hemicelulose (wt%)	Pectina (wt%)	Cera (wt%)	Humidade (wt%)

Abacá	56-63	7-9	20-25	-	3	-
Bambu	**26-43**	**1-31**	**30**	**-**	**9.16**	**-**
Banana	83	5	-	-	-	10.71
Fibra de coco	37	42		-	-	11.36
Algodão	82.7	-	3	-	0.6	7.85-8.5
Linho	**64.1-71.9**	**2-8.2**	**64.1-71.9**	**1.8-2.3**	**1.7**	**8-1.2**
Cânhamo	70.2-74.4	3.7-5.7	17.9-22.4	0.9	0.8	6.2-1.2
Juta	61-71.5	12-13	17.9-22.4	0.2	0.5	12.5-13.5
Kenaf	45-57	211.5	8-13	0.6	0.8	6.2-12
Casca de arroz	38-45	-	12-20	-	-	-
Erva marinha	57	5	38	10	-	-
Sisal	78	8	10	-	2	11

Capítulo -2

Fabrico e metodologia

2.1 Métodos de fabrico

O fabrico de materiais compósitos é efectuado através de uma grande variedade de técnicas, incluindo:

* Moldagem por vácuo de sacos
* Moldagem por pressão de sacos
* Moldagem em autoclave
* Moldagem por transferência de resina (RTM)
* Moldagem por compressão
* Método de colocação manual

O fabrico de compósitos envolve normalmente a humidificação, mistura ou saturação do reforço com a matriz e, em seguida, a aglutinação da matriz (através de calor ou de uma reação química) numa estrutura rígida. A operação é normalmente efectuada num molde de formação aberto ou fechado, mas a ordem e as formas de introdução dos ingredientes variam consideravelmente.

2.1.1 Moldagem de sacos a vácuo

A moldagem em saco de vácuo utiliza uma película flexível para envolver a peça e vedá-la do ar exterior. O vácuo é então aplicado no saco de vácuo e a pressão atmosférica comprime a peça durante a cura. O material do saco de vácuo está disponível em forma de tubo ou numa folha de material. Quando é utilizado um saco em forma de tubo, toda a peça pode ser fechada dentro do saco. Quando ensacado desta forma, o molde inferior é uma estrutura rígida e a superfície superior da peça é formada pela membrana flexível do saco de vácuo. A membrana flexível pode ser um material de silicone reutilizável ou uma película de polímero extrudido. Depois de selar a peça dentro do saco de vácuo, o vácuo é aplicado na peça (e mantido) durante a cura. Este processo pode ser realizado a uma temperatura ambiente ou elevada, com a pressão atmosférica ambiente a atuar sobre o saco de vácuo. Normalmente, é utilizada uma bomba de vácuo para aspirar. Um método económico de obtenção de vácuo é com um venturi de vácuo e um compressor de ar [6]. A Figura 2.1 mostra a moldagem por ensacamento a vácuo.

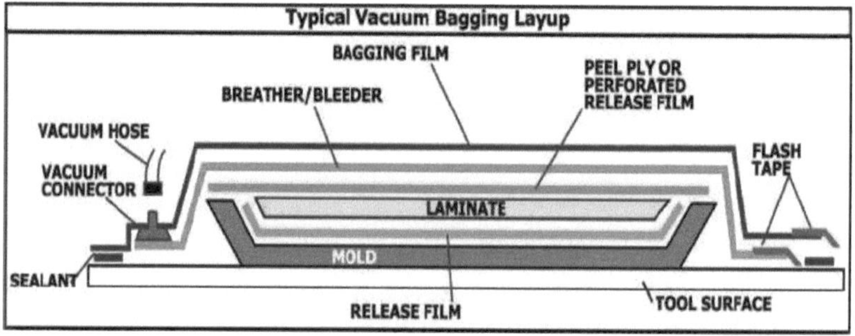

Fig. 2.1-Moldagem de sacos de vácuo

2.1.2 Moldagem por pressão de sacos

Este processo está relacionado com a moldagem de sacos a vácuo da mesma forma que parece. É utilizado um molde fêmea sólido juntamente com um molde macho flexível. O reforço é colocado no interior do molde fêmea com resina apenas suficiente para permitir que o tecido adira ao local (wet lay-up). Em seguida, uma quantidade medida de resina é escovada indiscriminadamente no molde e o molde é depois fixado a uma máquina que contém o molde flexível macho. A membrana flexível masculina é então insuflada com ar comprimido aquecido ou eventualmente com vapor. O molde fêmea também pode ser aquecido. O excesso de resina é forçado a sair juntamente com o ar retido. Este processo é amplamente utilizado na produção de capacetes compósitos devido ao baixo custo da mão de obra não qualificada. Os tempos de ciclo de uma máquina de moldagem de capacetes em saco variam entre 20 e 45 minutos, mas os invólucros acabados não necessitam de cura adicional se os moldes forem aquecidos [7]. A Figura 2.2 mostra a moldagem por ensacamento sob pressão.

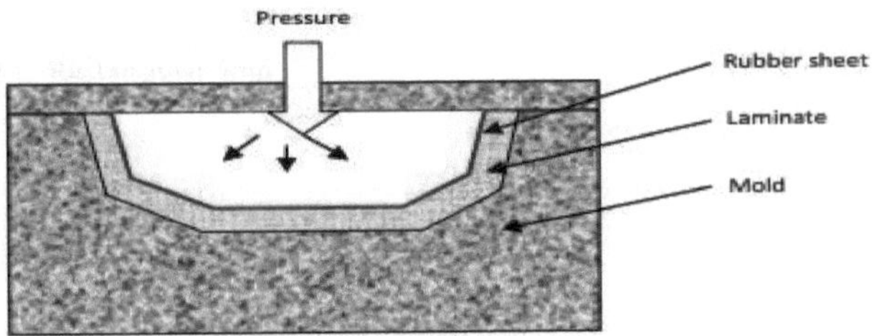

Fig. 2.2-Moldagem de sacos de pressão

2.1.3 Moldagem em autoclave

Um processo que utiliza um conjunto de moldes de duas faces que forma ambas as superfícies do painel. No lado inferior encontra-se um molde rígido e no lado superior uma membrana flexível feita de silicone ou de uma película de polímero extrudido, como o nylon. Os materiais de reforço podem ser colocados manual ou roboticamente. Incluem formas de fibras contínuas moldadas em construções têxteis. Na maioria das vezes, são pré-impregnados com a resina sob a forma de tecidos preparados ou fitas unidireccionais. Nalguns casos, é colocada uma película de resina no molde inferior e o reforço seco é colocado por cima. O molde superior é instalado e é aplicado um vácuo na cavidade do molde. O conjunto é colocado num autoclave. Este processo é geralmente efectuado a uma pressão elevada e a uma temperatura elevada. A utilização de uma pressão elevada permite obter uma elevada fração volumétrica de fibras e um baixo teor de vazios para uma eficiência estrutural máxima [8]. A Figura 2.3 mostra a moldagem em autoclave.

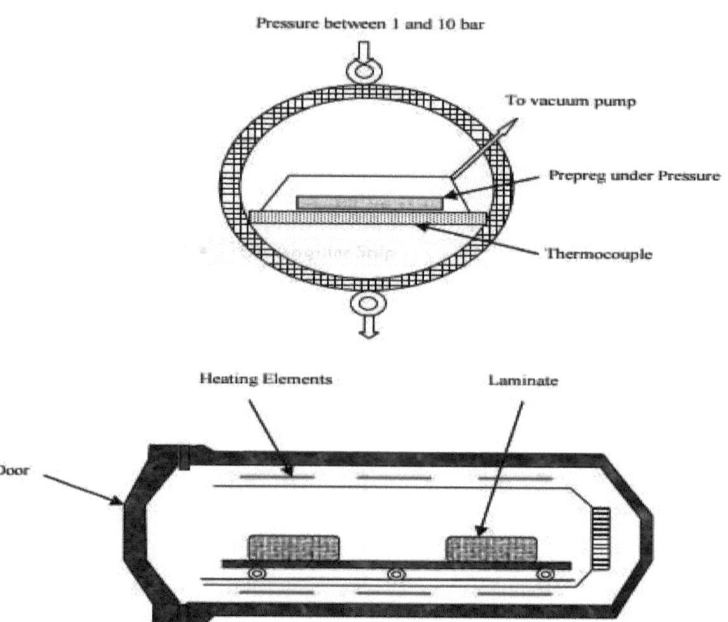

Fig. 2.3- Moldagem em autoclave

2.1.4 Moldagem por transferência de resina (RTM)

O RTM é um processo que utiliza um conjunto de moldes rígidos de duas faces que formam ambas as superfícies do painel. O molde é normalmente construído em alumínio ou aço, mas por vezes são utilizados moldes compostos. Os dois lados encaixam-se para produzir uma cavidade no molde. A caraterística distintiva da moldagem por transferência de resina é o facto de os materiais de reforço serem colocados nesta cavidade e o conjunto de moldes ser fechado antes da introdução do material de matriz. A moldagem por transferência de resina inclui numerosas variedades que diferem na mecânica da forma como a resina é introduzida no reforço na cavidade do molde. Estas variações incluem tudo, desde os métodos RTM utilizados no fabrico de compósitos fora de autoclave para componentes aeroespaciais de alta tecnologia até à infusão a vácuo (para infusão de resina, ver também construção de barcos) e à moldagem por transferência de resina assistida por vácuo (VARTM). Este processo pode ser efectuado à

38

temperatura ambiente ou a uma temperatura elevada [9]. A Figura 2.4 mostra a moldagem por transferência de resina.

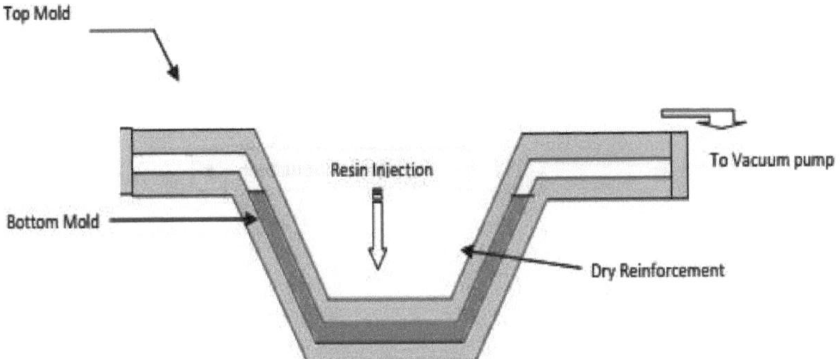

Fig. 2.4 - Moldagem por transferência de resina

2.1.5 Moldagem por compressão

É considerado o principal método de fabrico de muitos componentes estruturais para automóveis, incluindo rodas, para-choques e molas de lâminas. É efectuado através da transformação de compostos de moldagem de chapas em produtos acabados em moldes adaptados. Pode produzir peças de geometria complexa em períodos curtos. Permite a possibilidade de eliminar várias operações de acabamento secundário, como a perfuração, a conformação e a soldadura. Além disso, todo o processo de moldagem pode ser automatizado [10]. A Figura 2.5 mostra a moldagem por compressão.

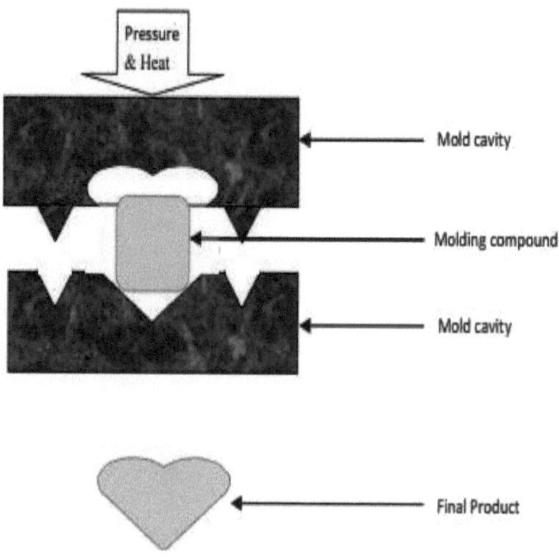

Fig. 2.5 - Moldagem por compressão

2.1.6 Técnica de colocação manual

A técnica de colocação manual é o método mais simples de processamento de materiais compósitos. Os requisitos em termos de infra-estruturas para este método são também mínimos. As etapas de processamento são bastante simples. Em primeiro lugar, é pulverizado um gel de libertação na superfície do molde para evitar a aderência do polímero à superfície. São utilizadas folhas de plástico finas na parte superior e inferior da placa do molde para obter um bom acabamento da superfície do produto. O reforço sob a forma de tapetes tecidos ou de tapetes de fios cortados é cortado de acordo com o tamanho do molde e colocado na superfície do molde após a folha. Em seguida, o polímero termoendurecível em forma líquida é misturado cuidadosamente numa proporção adequada com um endurecedor prescrito (agente de cura) e vertido sobre a superfície do tapete já colocado no molde. O polímero é espalhado uniformemente com a ajuda de um pincel. A segunda camada do tapete é então colocada sobre a superfície do polímero e um rolo é movido com uma ligeira pressão sobre a camada de tapete-polímero para remover qualquer ar preso, bem como o excesso de polímero presente. O processo é repetido para cada camada de polímero e de tapete, até serem empilhadas as camadas necessárias. Depois de colocar a folha de plástico, pulveriza-se gel desmoldante na superfície interna da placa superior do molde, que é então mantida sobre as camadas empilhadas e aplica-se pressão. Após a cura

40

à temperatura ambiente ou a uma temperatura específica, o molde é aberto e a peça composta desenvolvida é retirada e processada posteriormente. O tempo de cura depende do tipo de polímero utilizado para o processamento do compósito. Por exemplo, para o sistema à base de epóxi, o tempo normal de cura à temperatura ambiente é de 24 a 48 horas. Este método é principalmente adequado para compósitos à base de polímeros termoendurecíveis. Os requisitos de capital e de infra-estruturas são menores em comparação com outros métodos. A taxa de produção é menor e é difícil obter uma fração volumétrica elevada de reforço nos compósitos processados. O método de estratificação manual tem aplicação em muitas áreas, como componentes de aeronaves, peças para automóveis, cascos de barcos, painéis, decks, etc. [11]. A Figura 2.6 mostra a técnica de colocação manual.

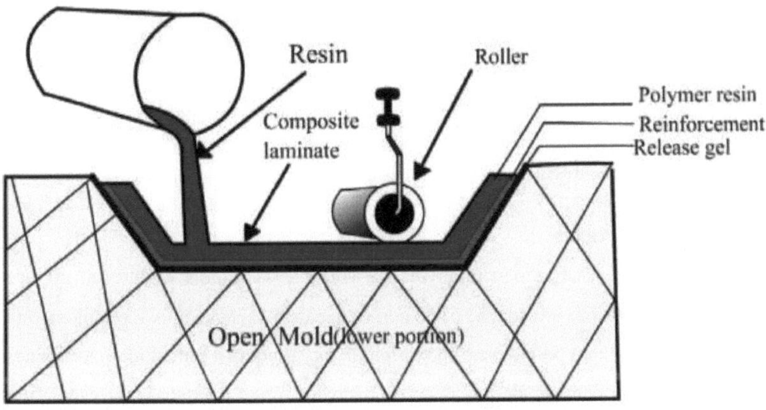

Fig. 2.6 - Técnica de assentamento manual

2.2 Método de fabrico:

Existem vários métodos para fabricar compósitos híbridos de fibras naturais. A maior parte das técnicas habitualmente utilizadas para o fabrico de compósitos de fibra são também aplicáveis ao fabrico de compósitos de fibra natural. No entanto, o método mais conhecido para o fabrico de compósitos é o seguinte. A colocação manual é um dos processos mais baratos e mais comuns para o fabrico de produtos compósitos de fibra. Neste processo, o molde é encerado, pulverizado com um revestimento de gel e curado num forno aquecido. No processo de pulverização, a resina catalisada é pulverizada no molde, com fibra cortada, onde uma camada secundária de pulverização incorpora o núcleo entre os laminados, resultando num compósito. No processo de colocação manual, tanto os tapetes de fibra contínua como os tecidos são colocados manualmente no molde. Cada camada é pulverizada com resina catalisada e, com a pressão necessária, é feito um laminado compacto. Neste estudo, os compósitos laminados epoxídicos reforçados com esteiras de bambu e de linho foram moldados pela técnica de colocação manual. As figuras 2.7 e 2.8 mostram o molde de aço macio e o rolo utilizado para o fabrico, respetivamente.

Fig. 2.7-Molde em aço macio (450 mm x 400 mm) Fig. 2.8-Rolo utilizado para o fabrico

2.2.1 Resina epoxídica

As resinas termoendurecíveis são isotrópicas e frágeis. Endurecem através de um processo de reticulação e não derretem com o aquecimento. Exemplos desta categoria incluem poliésteres, epóxi, fenólicos, silicones e poliamidas. As resinas epoxídicas podem ser definidas como resinas em que a extensão da cadeia e a reticulação ocorrem através das reacções do grupo epóxido.

A resina epoxídica foi adquirida à Excellence Resins, Meerut, UP. A Araldite LY 556, fabricada pela Huntsman Advanced Materials, tem as seguintes propriedades excepcionais e foi utilizada como material de matriz.

- Elevada resistência ao ataque químico e atmosférico.
- Elevada estabilidade dimensional.
- Tensões livres.
- Excelentes propriedades mecânicas e eléctricas.
- Inodoro, insípido e completamente não tóxico.

- Encolhimento insignificante.
- Boa resistência às cargas estáticas e dinâmicas
- Excelente aderência a diferentes materiais.

2.2.2 Endurecedor

O endurecedor é um agente de cura para a resina epoxídica. As resinas epoxídicas necessitam de um endurecedor para iniciar a cura. É também chamado de catalisador, a substância que endurece o adesivo quando misturado com a resina. É a seleção e combinação específicas dos componentes epóxi e endurecedor que determinam as características finais e a adequação do revestimento epóxi a um determinado ambiente. São utilizados níveis óptimos de um endurecedor para formular revestimentos epoxídicos. O rácio difere de produto para produto. A utilização de um endurecedor incorreto pode resultar num produto sub catalisado ou sobre catalisado. No presente trabalho é utilizado o endurecedor (HY951). Este tem uma viscosidade de 10-20 MPa a 25°C. A Figura 2.9 mostra a resina epóxi (Araldite LY 556) e o endurecedor (HY 956).

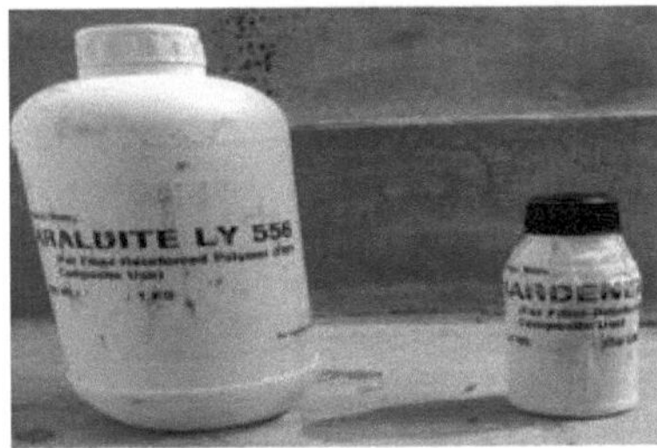

Fig. 2.9-Resina epóxi (Araldite LY 556) e endurecedor (HY 956)

2.3 Seleção de materiais

As esteiras de linho e de bambu foram fornecidas pela Compact Buying Services, Faridabad, Haryana. As esteiras bidireccionais destas fibras foram utilizadas para o fabrico de compósitos biológicos. A resina epóxi e o endurecedor foram fornecidos pela Excellence Resins, Meerut, UP.

2.3.1 Esteira de linho

O linho (Linum usitatissimum), também conhecido como linho comum ou linhaça, é um membro do género Linum da família Linaceae. É uma cultura alimentar e de fibras cultivada nas regiões mais frias do mundo. Os têxteis feitos de linho são conhecidos nos países ocidentais como linho e são tradicionalmente utilizados para lençóis, roupa interior e roupa de mesa. O seu óleo é conhecido como óleo de linhaça. Para além de se referir à planta em si, a palavra "linho" pode referir-se às fibras não fiadas da planta do linho. A espécie vegetal é conhecida apenas como planta cultivada, e parece ter sido domesticada apenas uma vez a partir da espécie selvagem Linum bienne, chamada linho pálido. A densidade da fibra de linho é de 1,5 gm /cm^3 . O linho é uma das culturas de fibras mais antigas do mundo, cultivada em regiões temperadas. Os compósitos plásticos reforçados com fibras de linho têm atraído um interesse crescente devido às vantagens das fibras de linho, tais como a baixa densidade, a tenacidade relativamente elevada, a elevada resistência e rigidez e a biodegradabilidade. As fibras de linho têm propriedades específicas de tração superiores às das fibras de vidro E [12].

A tabela 2.1 mostra a composição química da fibra de linho, a tabela 2.2 mostra as propriedades físicas da fibra de linho e as figuras 2.10 e 2.11 mostram a fibra de linho e o tapete de fibra de linho (orientação 0^0 / 90^0).

Quadro 2.1 Composição química da fibra de linho

Celulose{wt%}	64.1-71.9
Lenhina{wt%}	2-8.2
Hemi-celulose{wt%}	64.1-71.9
Péctico{wt%}	1.8-2.3
Cera{wt%}	1.7
Humidade{wt%}	8-1.2

Quadro 2.2 Propriedades físicas da fibra de linho

Densidade [gm/cm]^3	1.5
Diâmetro[µm]	-
Resistência à tração [MPa]	800-1500
Módulo de tração[GPa]	27.6-80

Módulo de elasticidade específico [E/p]	18.4-53
Alongamento na rutura	1.2-3.2

Fig. 2.10 - Fibras de linho Fig. 2.11- Tapete de fibras de linho (0^0 / 90^0 orientação)

2.3.2 Esteira de bambu

O bambu é um material compósito natural que cresce abundantemente na maioria dos países tropicais. É considerado um material compósito porque é constituído por fibras de celulose embebidas numa matriz de lenhina. As fibras de celulose estão alinhadas ao longo do comprimento do bambu, proporcionando a máxima resistência à tração e à flexão e rigidez nessa direção. O bambu é também um dos materiais de construção mais antigos utilizados pela humanidade. Tem sido amplamente utilizado em produtos domésticos e alargado a aplicações industriais devido aos avanços na tecnologia de transformação e ao aumento da procura no mercado. Nos países asiáticos, o bambu tem sido utilizado para utilidades domésticas, como recipientes, pauzinhos, esteiras, varas de pesca, caixas de cricket, artesanato, cadeiras, etc. Também tem sido amplamente utilizado em aplicações de construção, tais como pavimentos, tectos, paredes, janelas, portas, vedações, telhados de habitações, treliças, caibros e rufos. Também é utilizada na construção como material estrutural para pontes, instalações de transporte de água e andaimes de arranha-céus. Atualmente, existem cerca de 35 espécies utilizadas como matéria-prima para a indústria da pasta e do papel. A plantação maciça de bambu constitui uma fonte cada vez mais importante de matéria-prima para a indústria da pasta e do papel na China. As figuras 2.12 e 2.13 mostram bambus e esteiras de fibra de bambu (orientação 0^0 / 90^0).

Existem várias diferenças entre o bambu e a madeira. No bambu, não existem raios nem nós, o que lhe confere tensões muito mais uniformemente distribuídas ao longo do seu comprimento. O bambu é um tubo oco, por vezes com paredes finas, pelo que é mais difícil unir o bambu do que as peças de madeira. O bambu não contém os mesmos extractos químicos que a madeira, pelo que pode ser muito bem colado. O diâmetro, a espessura e o comprimento intermodal do bambu têm uma estrutura macroscópica graduada, enquanto a distribuição das fibras apresenta uma arquitetura microscópica graduada, o que conduz a propriedades favoráveis do bambu [13].

Os bambus incluem algumas das plantas de crescimento mais rápido do mundo devido a um sistema único dependente do rizoma. Certas espécies de bambu podem crescer 91 cm num período de 24 horas, a um ritmo de quase 4 cm por hora (um crescimento de cerca de 1 mm em cada 90 segundos, ou 1 polegada em cada 40 minutos). Os bambus gigantes são os maiores membros da família das gramíneas. Os bambus têm uma importância económica e cultural notável no Sul da Ásia, no Sudeste Asiático e na Ásia Oriental, sendo utilizados como materiais de construção, como fonte de alimento e como matéria-prima versátil. O bambu tem uma resistência específica à compressão superior à da madeira, do tijolo ou do betão, e uma resistência específica à tração que rivaliza com o aço. A densidade da fibra de bambu é de 1,1 gm /cm^3 [14]. As tabelas 2.3 e 2.4 mostram a composição química da fibra de bambu e as propriedades físicas da fibra de bambu, respetivamente.

Tabela 2.3 - Composição química da fibra de bambu

Celulose{wt%}	26-43
Lenhina{wt%}	1-31
Hemi-celulose{wt%}	30
Péctico{wt%}	0
Cera{wt%}	0
Humidade{wt%}	9.16

Tabela 2.4 - Propriedades físicas da fibra de bambu

Densidade [gm/cm]^3	1.5
Diâmetro[μm]	-

Resistência à tração [MPa]	800-1500
Módulo de tração[GPa]	27.6-80
Módulo de elasticidade específico [E/p]	18.4-53
Alongamento na rutura	1.2-3.2

Fig. 2.12-Bambu árvore Fig. 2.13- Esteira de fibra de bambu (0^0 / 90^0 orientação)

2.3.3 Tratamento das fibras

As esteiras (de linho e de bambu) foram recolhidas na zona local. Foram lavadas várias vezes com água morna para remover o conteúdo de celulose e outras impurezas e, em seguida, foram embebidas em água concentrada com NaOH a 5% durante 30 minutos. As esteiras embebidas foram depois lavadas com água detergente, seguida de água pura e secas ao sol. Obtêm-se esteiras limpas de sujidade e impurezas.

2.4 Fabrico do compósito híbrido

Os compósitos híbridos foram fabricados com a ajuda de um molde fechado amovível de aço macio (450 mm x 400 mm) utilizando uma técnica de colocação manual. O gel de sílica foi aplicado na superfície interna das placas do molde para evitar a aderência do polímero às placas de aço durante a cura. A matriz foi preparada misturando corretamente a resina epoxídica do tipo Araldite LY556 e o endurecedor HY951 na proporção de 10:1, de acordo com o fabricante (Huntsman).

A resina epóxida e o endurecedor foram misturados corretamente para reduzir as bolhas de ar presentes no líquido da resina e do endurecedor. Foi preparada uma estrutura de madeira com a dimensão (250*260*6). A Figura 2.14 mostra uma moldura de madeira. As esteiras de linho e de bambu foram lavadas com uma solução de hidróxido de sódio (NaOH) a 10 % durante 30 minutos e depois limpas com água normal até se atingir um pH normal. De seguida, estas fibras foram secas, mantendo-as à luz do sol durante 8-10 horas. A matriz líquida foi então espalhada uniformemente na superfície interna do molde e a resina foi rolada pelo rolo de aço para obter uma espessura igual da camada de resina sobre a superfície do molde. Os tapetes de fibra foram cortados em tamanhos iguais aos da cavidade do molde e colocados sobre a camada de resina. O rolo foi novamente rolado para remover quaisquer bolhas de ar presas na camada. Este processo foi repetido uma e outra vez até se atingirem as especificações pré-decididas. A figura 2.15 mostra o epóxi com uma esteira simples de bambu e linho e a figura 2.16 mostra o epóxi com uma esteira dupla de bambu e linho.

Fig. 2.14 - Estrutura de madeira

Fig. 2.15- Epóxi com bambu simples e esteira de linho

Fig. 2.16 - Epóxi com dupla esteira de bambu e linho

Para cada tipo de compósito desenvolvido, a fração de peso da fibra foi de 28%. A carga é aplicada com a ajuda de uma pinça C. O compósito é deixado a curar durante 48 horas à temperatura ambiente com uma humidade de 55%. A folha final do compósito híbrido é apresentada na figura 2.17.

Fig. 2.17 - Folha final de compósito híbrido

As figuras 2.18 e 2.19 mostram as faces superior e inferior de uma folha de compósito híbrido, respetivamente. A Figura 2.20 mostra a vista sistémica do compósito híbrido de esteira de linho e bambu.

Fig. 2.18 - Folha final (lado superior)

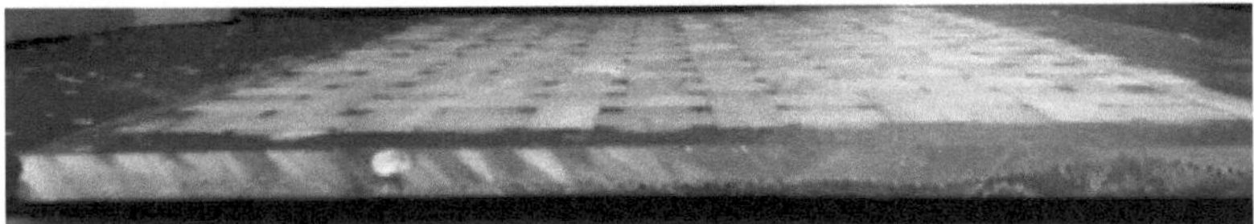

Fig. 2.19 - Folha final (lado inferior)

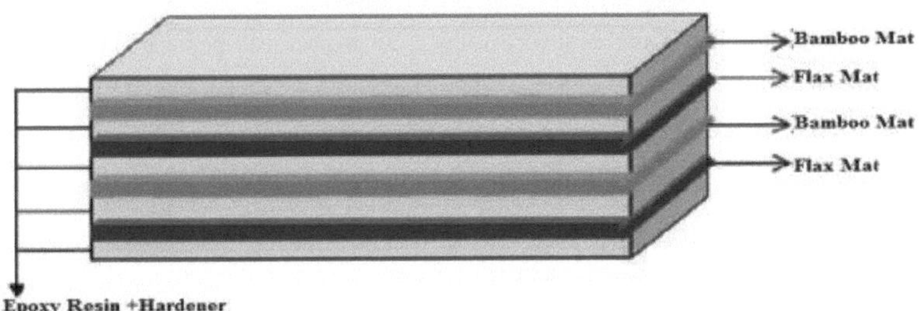

Fig. 2.20- Vista sistémica do compósito híbrido

51

Capítulo 3

Resultados e discussão

3.1 Ensaios mecânicos

3.1.1 Os ensaios de tração submetem uma amostra a uma tensão uniaxial até à sua falha. As capacidades de ensaio de tração dos elementos incluem o ensaio de tração em cunha, o ensaio de tração axial, o ensaio de tração de soldaduras, o ensaio de tração de peças fundidas, o ensaio de tração a temperaturas elevadas, o ensaio de tração de amostras maquinadas, o ensaio de tração em tamanho real e a tração de rendimento, bem como capacidades de tratamento térmico. Foi efectuado um ensaio de tração de acordo com a norma ASTM D638.

3.1.2 O ensaio de impacto (ensaio Charpy) é mais comummente utilizado para avaliar a tenacidade relativa ou a tenacidade ao impacto dos materiais e, como tal, é frequentemente utilizado em aplicações de controlo de qualidade, onde é um ensaio rápido e económico. É utilizado mais como um ensaio comparativo do que como um ensaio definitivo. Isto também se deve, em parte, ao facto de os valores não se relacionarem exatamente com a resistência ao impacto de peças moldadas ou de componentes reais em condições operacionais reais. O ensaio de impacto foi efectuado de acordo com a norma ASTM D256.

3.1.3 O ensaio de dureza é a medida da resistência da matéria sólida a vários tipos de alterações permanentes de forma quando é aplicada uma força. Os métodos incluem o ensaio padrão Rockwell, o ensaio superficial Rockwell, o ensaio de microdureza Knoop & Vickers e o ensaio de dureza Brinell. Foi efectuado um ensaio de dureza de acordo com a norma ASTM D785

3.1.4 O ensaio de absorção de água foi efectuado em três tipos diferentes de água com pH variável, como água do mar, água de poço e água purificada. Foi efectuado um ensaio de absorção de água de acordo com a norma ASTM D5229.

3.2 Ensaio de tração

O ensaio de tração, também conhecido como ensaio de tensão, é um teste fundamental da ciência dos materiais em que uma amostra é sujeita a tensão controlada até à falha. Os resultados do ensaio são normalmente utilizados para selecionar um material para uma aplicação, para controlo de qualidade e para prever a forma como um material irá reagir sob outros tipos de forças. As propriedades que são medidas diretamente através de um ensaio de tração são a resistência à tração final, o alongamento máximo e a redução da área. A partir destas medições, as seguintes propriedades também podem ser determinadas: Módulo de Young, rácio de Poisson, tensão de cedência e características de endurecimento por deformação. O ensaio de tração uniaxial é o mais utilizado para obter as características mecânicas de materiais isotrópicos.

A máquina de ensaio mais comum utilizada em ensaios de tração é a máquina de ensaio universal. Este tipo de máquina tem duas cabeças cruzadas; uma é ajustada ao comprimento do provete e a outra é accionada para aplicar tensão ao provete.

Foi efectuado um ensaio de tração numa máquina de ensaios universal fabricada pela Instron, EUA, com uma gama de trabalho de 100 kN e uma precisão de 0,66%. A Figura 3.1 (a & b) mostra a máquina universal de ensaios Instron e o espécime fixado com mordentes, respetivamente.

Fig 3.1 (a) Máquina de ensaio universal Instron (b) Espécime fixado com uma garra

A figura 3.2 mostra um diagrama esquemático do provete de ensaio de tração de acordo com as normas ASTM. As figuras 3.3 e 3.4 mostram os provetes de tração antes e depois da fratura e a figura 3.5 mostra a curva tensão-deformação do compósito híbrido.

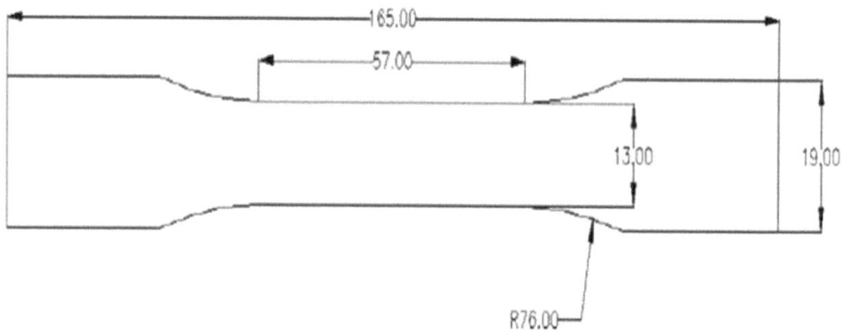

Fig 3.2 - Diagrama esquemático do provete de ensaio de tração de acordo com a norma ASTM

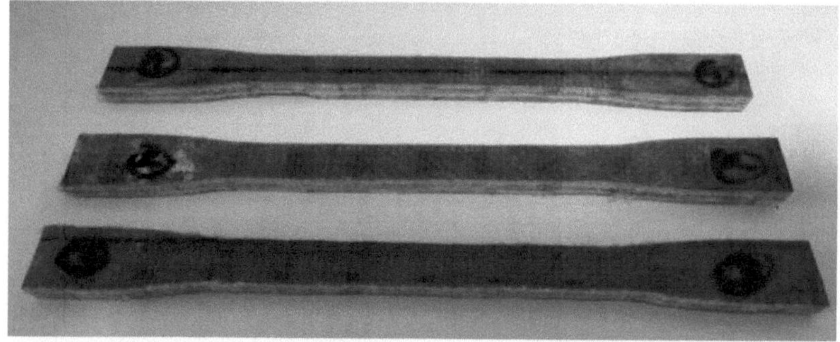

Fig 3.3 - Amostra de tração antes da fratura

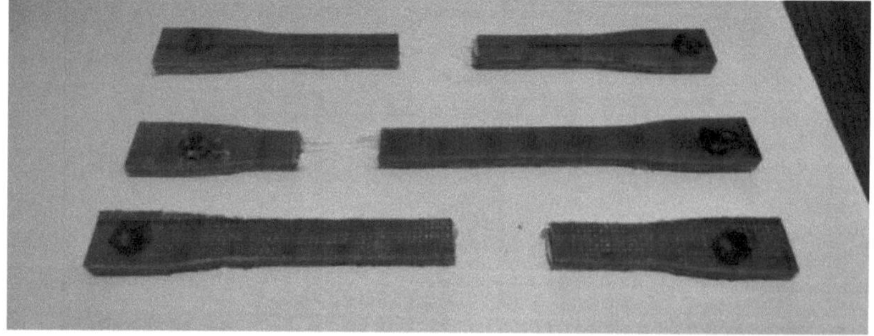

Fig 3.4 -Amostra de tração após fratura

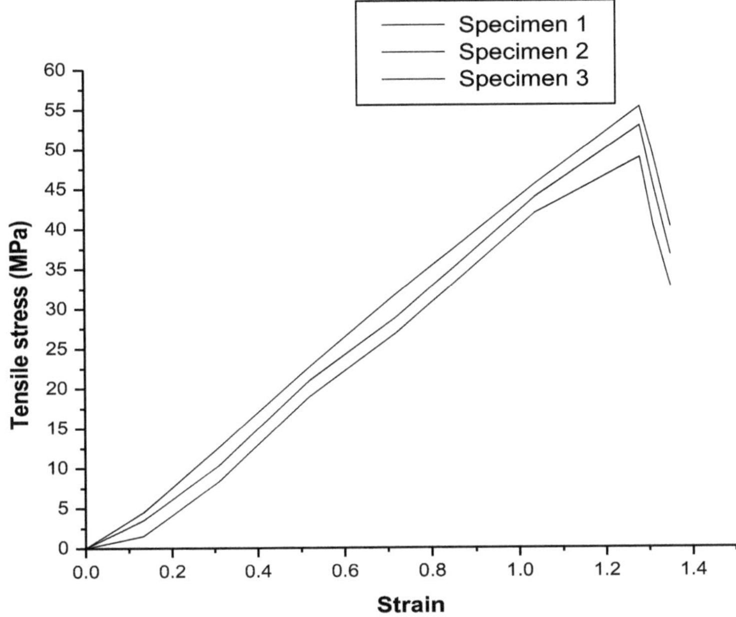

Fig 3.5 - Curva tensão-deformação do compósito híbrido

Foi efectuado um ensaio de tração na máquina de ensaios universal. O módulo jovem do compósito híbrido resultou em 2,24 GPa e o alongamento foi de 1,35%. A tensão final do compósito híbrido foi de 56 MPa. A Figura 3.6 mostra uma comparação da curva de resistência à tração.

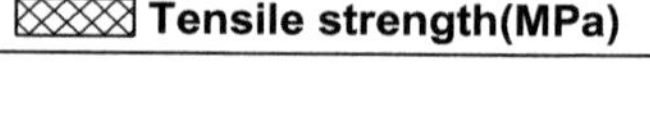

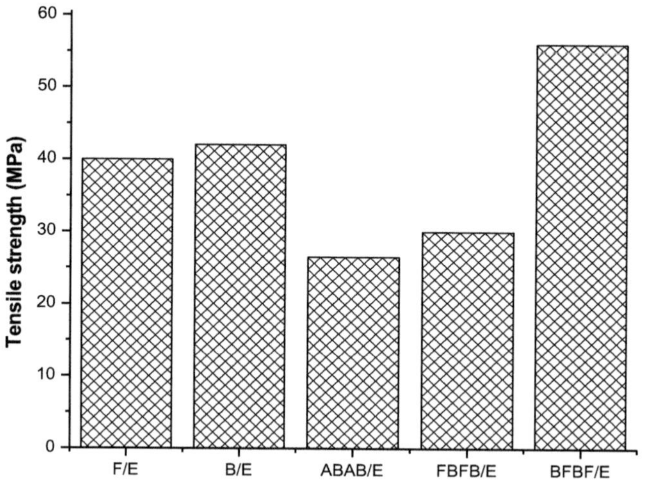

Fig. - 3.6 Comparação da resistência à tração

Umit Huner et al. [15] desenvolveram um compósito **F/E** - linho/epóxi e avaliaram a sua resistência à tração em 40 MPa e S. A. H. Roslan et al. [16] desenvolveram um compósito B/E - bambu/epóxi e avaliaram a sua resistência à tração em 42 MPa, enquanto Padmaraj N H et al. [17] e Srinivasan et al.[18] desenvolveram um compósito híbrido ABAB/E - areca/banana/epóxi com uma resistência à tração de 26,48 MPa e 30 MPa, respetivamente. Os valores da resistência à tração dos compósitos acima referidos são inferiores, o que pode dever-se a uma fraca adesão fibra-matriz. A carga é transferida primeiro para a matriz e depois para o reforço; se o reforço for único, a resistência é limitada à capacidade de carga da fibra.

A resistência à tração do compósito híbrido BFBF alcançado foi de 56MPa, este aumento na resistência à tração é atribuído às propriedades de partilha de carga do bambu/linho ao longo das direcções longitudinal e transversal e à melhoria da adesão interfacial entre o tapete de fibras e a matriz de epóxi. A adesão melhorada aumentou a ligação interfacial e, assim, facilitou a transferência efectiva da tensão da matriz para a fibra.

3.3 Ensaio Charpy

O ensaio Charpy tornou-se o procedimento de ensaio padrão para comparar as resistências ao impacto dos plásticos. Embora seja o padrão para plásticos, também é utilizado noutros materiais. O ensaio Charpy é mais comummente utilizado para avaliar a resistência relativa ou a resistência ao impacto dos materiais e, como tal, é frequentemente utilizado em aplicações de controlo de qualidade, onde é um ensaio rápido e económico. É utilizado mais como um ensaio comparativo do que como um ensaio definitivo. Isto também se deve, em parte, ao facto de os valores não se relacionarem exatamente com a resistência ao impacto de peças moldadas ou de componentes reais em condições operacionais reais. A Figura 3.7 mostra um diagrama esquemático do provete de ensaio de impacto Charpy, de acordo com as normas ASTM.

3.3.1 Preparação de amostras Charpy

Os espécimes de impacto foram cortados de uma folha de compósito híbrido. As dimensões do espécime de ensaio de impacto Charpy estão em conformidade com as normas ASTM D6110. O ensaio de impacto foi efectuado pelo Charpy Impact Tester com um cortador de entalhe fabricado pela TINIUS OLSEN, EUA, com uma precisão de 0,0015 joule, como se mostra na figura 3.8. As figuras 3.9 e 3.10 mostram a amostra de impacto antes e depois de uma fratura. O valor médio da resistência ao impacto Charpy do compósito híbrido é de 28,58 kJ /m$^{2\cdot}$. A figura 3.11 mostra uma comparação da resistência ao impacto.

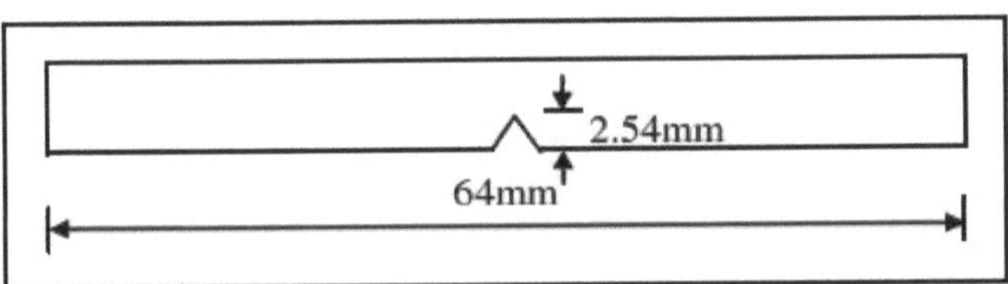

Fig 3.7 - Diagrama esquemático do provete de ensaio de impacto Charpy, de acordo com a norma ASTM

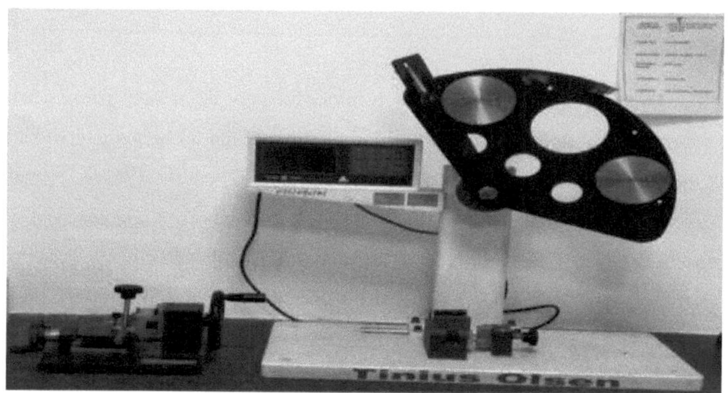

Fig 4.8 - Máquina de ensaio de impacto

Fig 3.9 - Amostra de impacto Charpy antes da fratura

Fig 3.10 -Amostra de impacto carbonizado após fratura

Tabela 3.1-Resultado do ensaio Charpy

58

Número do espécime	Teste	Norma ASTM	Valor (kJ/m)^2
1	CHARPY	D6110	27.85
2	CHARPY	D6110	28.50
3	CHARPY	D6110	29.40

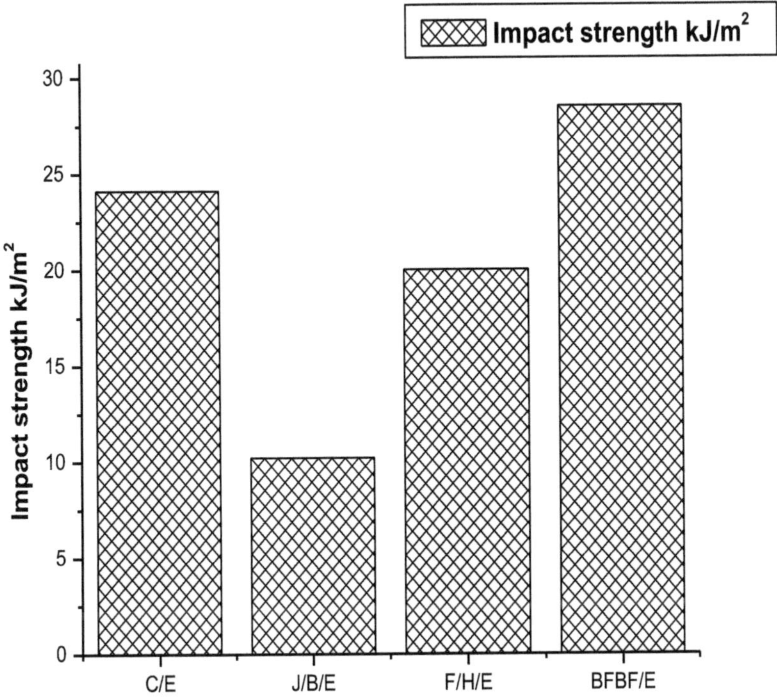

Fig. 3.11 - Comparação da resistência ao impacto

Ajay Singh et al. [19] desenvolveram um compósito C/E-Frango/Epoxi e avaliaram a sua resistência ao impacto em 24,12 kJ/m^2 . Xian-bao et al. [22] desenvolveram um compósito híbrido J/B/E-Juta/Banana/Epoxy e F/H/E-Linho/Cânhamo/Epoxy com uma resistência ao impacto de 10,2 kJ/m^2 e 20 kJ/m^2 respetivamente, o seu baixo valor de resistência ao impacto é uma indicação da fraca adesão entre a fibra e a matriz e da baixa percentagem de reforço.

A resistência ao impacto de **BFBF/E-Bambu/Linho/Epoxy** alcançada é de 28,5 kJ/m² . Este aumento na resistência ao impacto deve-se ao padrão de tecelagem que transmite igualmente a força em todos os tapetes de fibras. O padrão de tecelagem do tipo liso apresenta melhores propriedades mecânicas do que os padrões de tecelagem do tipo sarja [21].

3.4 Ensaio de dureza

A escala Rockwell é uma escala de dureza baseada na dureza de indentação de um material. O teste Rockwell determina a dureza medindo a profundidade de penetração de um indentador sob uma grande carga, em comparação com a penetração efectuada por uma pré-carga. Existem diferentes escalas, indicadas por uma única letra, que utilizam diferentes cargas ou indentadores. O resultado é um número sem dimensão indicado como HRA, HRB, HRC, HRM, etc., em que a última letra corresponde à respectiva escala Rockwell. Ao testar metais, a dureza de indentação correlaciona-se linearmente com a resistência à tração. Esta importante relação permite a realização de ensaios não destrutivos economicamente importantes de fornecimentos de metais a granel com equipamento leve e até portátil, como é o caso dos aparelhos de ensaio de dureza Rockwell portáteis. O ensaio de dureza foi efectuado num aparelho de ensaio de dureza digital Rockwell cum Brinell com escala variável, como se mostra na figura 3.12.

Fig 3.12 - Máquina de ensaio de dureza digital com escala variável

É normalmente utilizado em engenharia e metalurgia. A sua popularidade comercial deve-se à sua rapidez, fiabilidade, robustez, resolução e pequena área de indentação.

Para obter uma leitura fiável, a espessura da peça a ensaiar deve ser, pelo menos, 10 vezes superior à profundidade da indentação. Além disso, as leituras devem ser efectuadas a partir de uma superfície plana e perpendicular, porque as superfícies convexas dão leituras mais baixas. Se for necessário medir a dureza de uma superfície convexa, pode ser utilizado um fator de correção. A Figura 3.13 mostra um ecrã de leitura da dureza numa máquina digital. A Tabela 3.2 apresenta os resultados do ensaio de dureza. O valor médio de dureza do compósito híbrido é de 62,23 HRM (na escala M). A Figura 3.14 mostra uma comparação dos valores do ensaio de dureza.

Fig 3.13- Visualização da leitura da dureza numa máquina digital

Tabela 3.2- Resultado do ensaio de dureza

S.N.	Valor de teste
Amostra 1	62.2
Amostra 2	62.5
Amostra 3	61.9

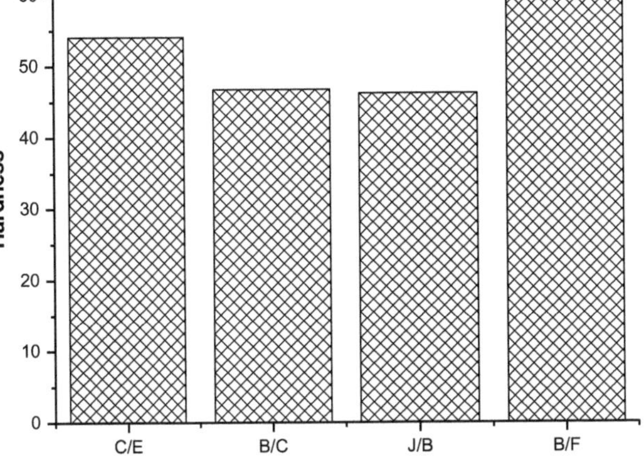

Fig. 3.14 - Comparação do valor do ensaio de dureza

Ajay Singh et al. [19] desenvolveram um compósito C/E-Frango/Epoxy e avaliaram a sua dureza em 54,06. Anshika et al. [20] desenvolveram um compósito B/C/E-Bagaço/Coeficiente/Epoxi e J/B/E-Juta/Banana/Epoxi, obtendo uma dureza de 46,76 e 46,20, respetivamente. O seu baixo valor de dureza resulta da fraca adesão da matriz e da fibra e da baixa percentagem de fibra no seu compósito (20%, 30%).

A dureza do compósito **BFBF/E-Bambu/Linho/Epoxy** alcançada é de 62,23, este aumento da dureza deve-se à melhoria da adesão entre a fibra e a matriz, que melhora a ligação interfacial, e também a melhoria da dureza resulta da carga de 40% de fibra no compósito híbrido BFBF.

3.5 Teste de absorção de água

Após o fabrico, o compósito híbrido é maquinado nas dimensões exigidas de acordo com a norma ASTM D5229. A absorção de água foi efectuada em três tipos diferentes de água com PH variável, como água do mar, água de poço e água purificada. Esta água diferente foi recolhida na mesma proporção num copo diferente. O peso conhecido da amostra composta foi imerso nos três tipos de água durante um período especificado e a humidade absorvida foi registada através da pesagem da amostra. Amostra do ensaio de absorção de humidade imersa em água de pH diferente, como se mostra na Figura 3.15 (a) - (c). O ensaio de absorção de água é realizado durante 48 horas à temperatura ambiente 22⁰ C e 55% de humidade.

  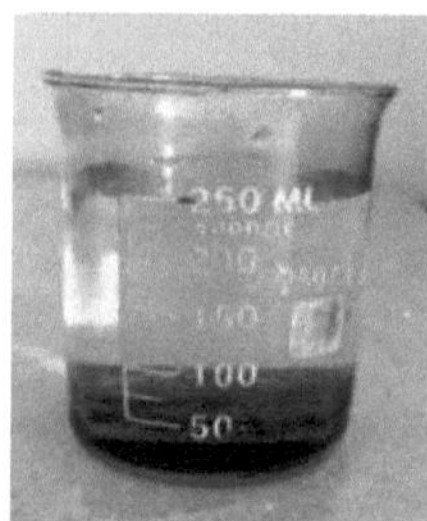

Fig. 3.15(a) Água do mar (pH-8,2) Fig. 3.15(b) Água purificada (pH-8,5) Fig. 3.15(c) Água de poço (pH-7,4)

Rohit Srivastava et al. [23] efectuaram um teste de absorção de água num compósito híbrido (bagaço/galinha/epóxi) e avaliaram que o compósito absorveu 1,8% de água em 24 horas, enquanto o compósito híbrido BFBF absorveu apenas 0,2% de água em 24 horas e ficou saturado. A absorção de água deve-se ao teor de celulose da fibra natural. A absorção de humidade é mais elevada na água do mar e mais baixa na água purificada e na água de poços entre elas nos espécimes de compósito híbrido.

3.6 SEM (Microscopia Eletrónica de Varrimento)

As imagens SEM foram obtidas no JSM 6490, que é um instrumento que pode ser utilizado com baixo e alto vácuo, dependendo da natureza dos espécimes. A Figura 3.16 mostra o aparelho de SEM.

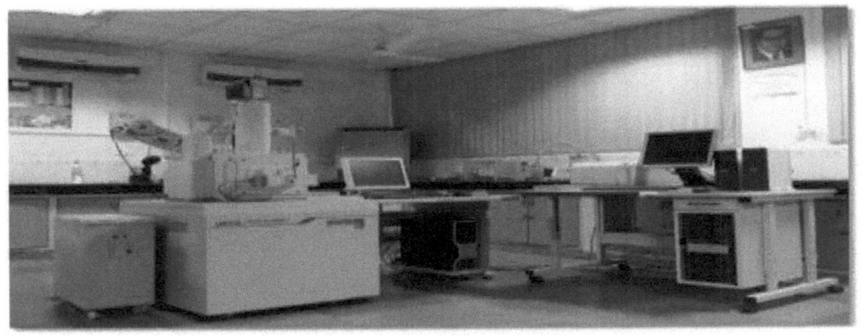

Fig. 3.16 - Aparelho de
MEV

As micrografias SEM da fratura do compósito híbrido são apresentadas na Fig. 3.17 (a-c).

Em geral, as fibras são puxadas para fora e pode observar-se o desprendimento de fibras reforçadas. O mecanismo de fratura, com base na morfologia obtida, parece envolver o arrancamento e a rutura das fibras, bem como a fissuração da matriz. A Fig. 3.17 (a) mostra claramente as fibras partidas/fratura das fibras. A Fig. 3.17 (b) mostra claramente que a rotura do compósito híbrido tecido em modo de tração ocorre pela remoção completa dos feixes de fibras ao longo da direção da carga. Muitas porções ocas após a fratura podem ser vistas na micrografia, indicando o fenómeno de arrancamento das fibras em grande medida, como mostra a Fig. 3.17 (c).

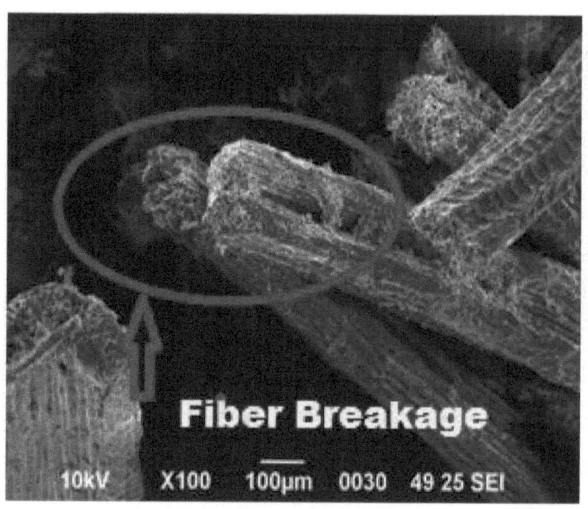

Fig. 3.17 (a) Rutura de fibras

Fig. 3.17 (b) Rutura da fibra

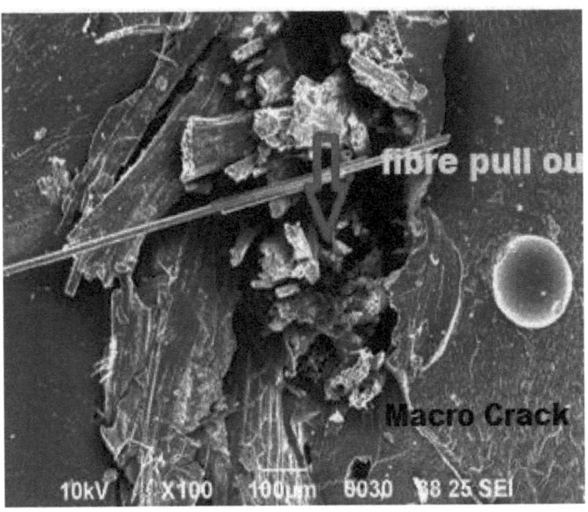

Fig. 3.17 (c) Arrancamento da fibra

3.7 Ensaios térmicos

3.7.1 A análise térmica é um ramo da ciência dos materiais em que se estudam as propriedades dos materiais que se alteram com a temperatura. São normalmente utilizados vários métodos, que se distinguem uns dos outros pela propriedade que é medida:

- Análise termogravimétrica (TGA): massa
- Calorimetria diferencial de varrimento (DSC): diferença de calor

A análise térmica simultânea (STA) refere-se geralmente à aplicação simultânea da termogravimetria (TGA) e do calorímetro diferencial de varrimento (DSC) à mesma amostra num único instrumento. As condições de ensaio são perfeitamente idênticas para os sinais TGA e DSC (mesma atmosfera, caudal de gás [42], pressão de vapor da amostra, taxa de aquecimento, contacto térmico com o cadinho da amostra e o sensor, efeito de radiação, etc.). A informação recolhida pode mesmo ser melhorada acoplando o instrumento STA a um analisador de gás evoluído (EGA), como a espetroscopia de infravermelhos com transformada de Fourier (FTIR) ou a espetrometria de massa (MS).

A análise térmica é uma ferramenta importante na caraterização de materiais poliméricos. Durante o fabrico de novos produtos a partir de compósitos de

67

polímeros, é essencial o conhecimento da estabilidade térmica dos seus componentes. A temperatura limite para a rutura determina o limite superior de temperatura no fabrico. A otimização da temperatura e do tempo de processamento com um conhecimento da matriz, do elemento de reforço e da interface pode conduzir ao melhor equilíbrio das propriedades do compósito. A calorimetria diferencial de varrimento (DSC) ajuda-nos a obter informações quantitativas sobre a fusão e as transições de fase, medindo a taxa de fluxo de calor associada a um evento térmico em função do tempo e da temperatura.

A estabilidade térmica de polímeros individuais pode ser melhorada em maior medida misturando-os com outros polímeros ou reforçando-os com fibras. O sinergismo assim obtido é geralmente atribuído à adesão interfacial dos componentes. Vários investigadores estudaram anteriormente em pormenor o comportamento térmico de misturas e compósitos de borracha. Cornea et al. examinaram a influência de fibras curtas na resistência térmica da matriz, o seu T e os parâmetros cinéticos da reação de degradação do poliuretano termoplástico. Verificaram também que a resistência térmica dos compósitos reforçados com fibras de aramida era superior à dos compósitos reforçados com fibras de carbono. Suhara et al. relataram a degradação térmica de compósitos de elastómero de poliuretano com fibras curtas de poliéster. Observaram que a incorporação de fibras curtas aumentava a estabilidade térmica do elastómero. Ahmed et al. relataram os estudos térmicos sobre enxofre, peróxido e vulcanizações de goma NBR e SBR curadas por radiação e também com cargas como o negro de carbono e a sílica. Verificou-se que os vulcanizados de NBR e SBR curados por radiação possuíam uma melhor estabilidade térmica.

3.7.2 Análise termogravimétrica (TGA)

A análise termogravimétrica ou análise termogravimétrica (TGA) é um método de análise térmica em que as alterações das propriedades físicas e químicas dos materiais são medidas em função do aumento da temperatura (com uma taxa de aquecimento constante) ou em função do tempo (com temperatura constante e/ou perda de massa constante).

A figura 3.18 mostra o analisador termogravimétrico.

Fig. 3.18 - Analisador termogravimétrico

A TGA é normalmente utilizada para determinar características seleccionadas de materiais que apresentam perda ou ganho de massa devido à decomposição, oxidação ou perda de voláteis (como a humidade). As aplicações comuns da TGA são a caraterização de materiais através da análise de padrões de decomposição característicos, estudos de mecanismos de degradação e cinética de reação, determinação do conteúdo orgânico numa amostra e determinação do conteúdo inorgânico (por exemplo, cinzas) numa amostra, que pode ser útil para corroborar estruturas de materiais previstas ou simplesmente utilizada como análise química. É uma técnica especialmente útil para o estudo de materiais poliméricos, incluindo termoplásticos, termoendurecíveis, elastómeros, compósitos, películas de plástico, fibras, revestimentos e tintas

A análise termogravimétrica (TGA) depende de um elevado grau de precisão em três medições: mudança de massa, temperatura e mudança de temperatura. Por conseguinte, os requisitos instrumentais básicos para a TGA são uma balança de precisão com um prato carregado com a amostra e um forno programável. O forno pode ser programado para uma taxa de aquecimento constante ou para adquirir uma perda de massa constante com o tempo. Embora uma taxa de aquecimento constante seja mais comum, uma taxa de perda de massa constante pode iluminar uma cinética de reação específica. Por exemplo, os parâmetros cinéticos da carbonização do polivinilbutírico foram encontrados utilizando uma taxa de perda de massa constante de 0,2 wt. % min. Independentemente da programação do forno, a amostra é colocada num pequeno forno aquecido eletricamente, equipado com um termopar para monitorizar medições precisas da temperatura, comparando a sua saída de tensão com a da tabela tensão-versus-temperatura armazenada na memória do computador. Uma amostra de referência pode ser colocada noutra balança, numa câmara separada. A atmosfera na câmara da amostra pode ser purgada com um gás inerte para evitar a oxidação ou outras reacções indesejáveis. Foi concebido um processo diferente, utilizando uma microbalança de cristais de quartzo, para medir amostras mais pequenas, da ordem dos microgramas (contra miligramas na TGA convencional).

3.7. 3 Ensaio TGA

A análise termogravimétrica ou análise gravimétrica térmica (TGA) é um método de análise térmica em que as alterações das propriedades físicas e químicas dos materiais são medidas em função do aumento da temperatura (com uma taxa de aquecimento constante) ou em função do tempo (com temperatura constante e/ou perda de massa constante). A Figura 3.19 mostra o resultado do teste TGA.

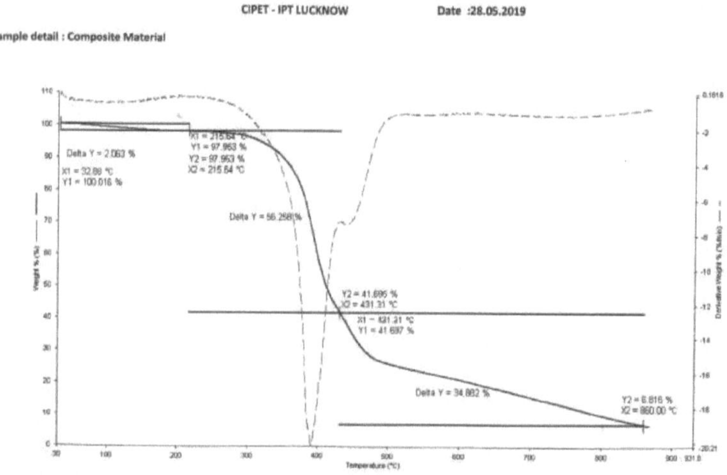

Fig. 3.19- Resultado do ensaio TGA do material compósito híbrido

70

Rohit Srivastava et al. [23] efectuaram um ensaio de TGA num compósito híbrido (bagaço/galinha/epóxi) e avaliaram a temperatura de degradação inicial a 200^0 C e a temperatura de degradação final a 500^0 C e a quantidade de resíduos foi de 9%. A partir do termograma acima do compósito híbrido BFBF, a temperatura inicial de degradação foi de $215,64^0$ C e a temperatura final de degradação foi de 860^0 C e a quantidade de carvão remanescente a 860^0 C foi de 6,815%. A maior perda de peso ocorreu nesta fase $215,64^0$ C- $431,31^0$ C devido à decomposição da celulose. A quantidade de carvão é baixa no caso do compósito híbrido BFBF do que no Bagaço / Frango / Epóxi, o que se deve ao elevado teor de fibras no compósito híbrido BFBF (40% em peso).

3.7.4 Calorimetria Exploratória Diferencial

A calorimetria diferencial de varrimento ou DSC é uma técnica termoanalítica em que a diferença na quantidade de calor necessária para aumentar a temperatura de uma amostra e de uma referência é medida em função da temperatura. Tanto a amostra como a referência são mantidas praticamente à mesma temperatura durante toda a experiência. Em geral, o programa de temperatura para uma análise DSC é concebido de modo a que a temperatura do suporte da amostra aumente linearmente em função do tempo. A amostra de referência deve ter uma capacidade térmica bem definida na gama de temperaturas a analisar. A técnica foi desenvolvida por E.S. Watson e M.J. O'Neill em 1962 e introduzida comercialmente na Conferência de Pittsburgh de 1963 sobre Química Analítica e Espectroscopia Aplicada. O primeiro calorímetro de varrimento diferencial adiabático que podia ser utilizado em bioquímica foi desenvolvido por P.L. Privalov e D.R. Monaselidze em 1964. O termo DSC foi cunhado para descrever este instrumento que mede diretamente a energia e permite medições precisas da capacidade calorífica. A figura 3.20 mostra o aparelho de Calorimetria Exploratória Diferencial.

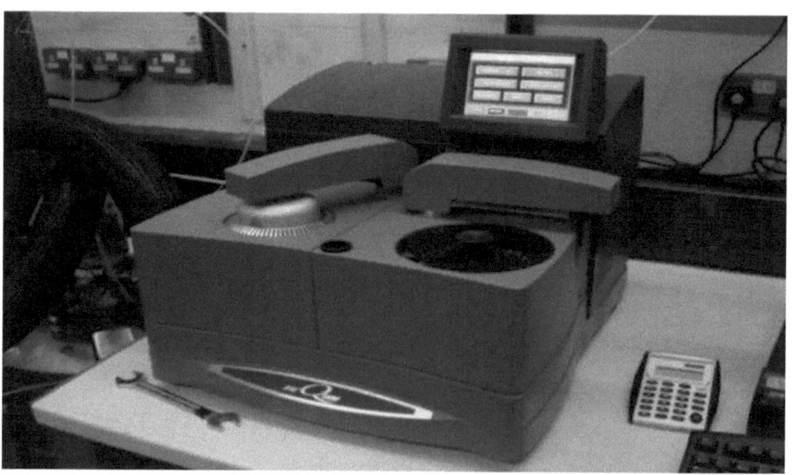

Fig. 3.20- Aparelho de calorimetria diferencial de varrimento

3.7.5 Deteção de transições de fase

O princípio básico subjacente a esta técnica é o de que, quando a amostra sofre uma transformação física, como as transições de fase, é necessário que flua mais ou menos calor para ela do que para a referência para manter ambas à mesma temperatura. O facto de ser necessário enviar menos ou mais calor para a amostra depende do facto de o processo ser exotérmico ou endotérmico. Por exemplo, à medida que uma amostra sólida se funde num líquido, será necessário um maior fluxo de calor para a amostra para aumentar a sua temperatura à mesma taxa que a referência. Isto deve-se à absorção de calor pela amostra à medida que esta sofre a transição de fase endotérmica de sólido para líquido. Da mesma forma, à medida que a amostra passa por processos exotérmicos (como a cristalização), é necessário menos calor para aumentar a temperatura da amostra. Ao observar a diferença no fluxo de calor entre a amostra e a referência, os calorímetros de varrimento diferencial podem medir a quantidade de calor absorvida ou libertada durante essas transições. O DSC também pode ser utilizado para observar alterações físicas mais subtis, como as transições vítreas. É amplamente utilizado em ambientes industriais como um instrumento de controlo de qualidade devido à sua aplicabilidade na avaliação da pureza da amostra e no estudo da cura de polímeros.

3.7.6 Temperatura de transição vítrea (Tg)

A temperatura de transição vítrea (Tg) é uma das propriedades mais importantes de qualquer epóxi e é a região de temperatura em que o polímero transita de um material duro e vítreo para um material macio e emborrachado. Uma vez que os epóxis são materiais termoendurecíveis e se reticulam quimicamente durante o processo de cura, o material epóxi curado final não derrete ou reflui quando aquecido (ao contrário dos materiais termoplásticos), mas sofre um ligeiro amolecimento (mudança de fase) a temperaturas elevadas. A Tg final é determinada por vários factores. A estrutura química da resina epoxídica, o tipo de endurecedor e o grau de cura. A Tg é normalmente medida utilizando a Calorimetria Exploratória Diferencial (DSC). Uma norma ASTM E1356, "Standard Test Method for Assignment of the Glass Transition Temperature by Differential Scanning Calorimetry" (Método de ensaio padrão para atribuição da temperatura de transição vítrea por calorimetria diferencial de varrimento).

3.7.7 Resultado do ensaio DSC:

O teste DSC é efectuado pelo método de análise térmica PERKIN-ELMER. A temperatura de transição vítrea Tg do compósito híbrido BFBF foi de 190^{0} C, como se mostra na figura 3.21. Nesta análise, o gráfico é traçado entre o fluxo de calor Endo Up (no eixo y) e a temperatura (no eixo x). O valor de Tg é obtido pelo método da tangente. Inicialmente, a amostra foi mantida durante 1 minuto a 50^{0} C e aquecida de 50^{0} C para 300^{0} C a 20^{0} C /minuto. Anshika Awasthi et al. [20] avaliaram a DSC de epóxi simples e encontraram uma Tg de 155^{0} C, a partir do gráfico a Tg do compósito híbrido BFBF é de 190^{0} C devido ao reforço de fibras em epóxi e também não há efeito do ciclo de aquecimento i.e. (5^{0} C, 10^{0} C, 15^{0} C, 20^{0} C) na Tg do compósito híbrido desenvolvido.

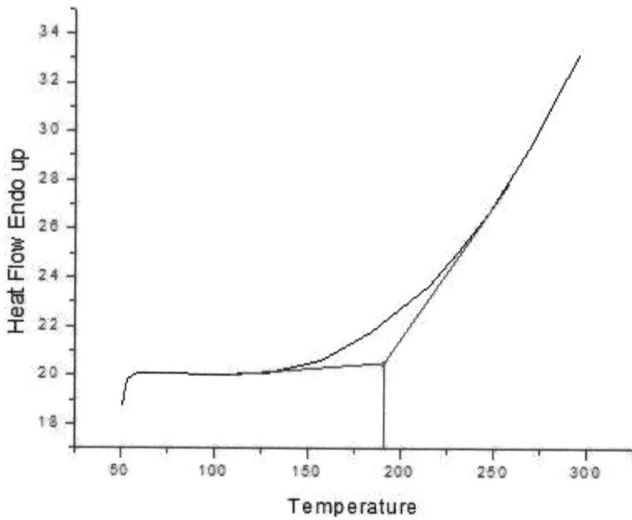

Fig. 3.21 - Resultado do ensaio DSC do material compósito híbrido

Capítulo 4

Conclusões

1. Verifica-se uma melhoria na resistência à tração do compósito híbrido ao adicionar uma esteira de bambu e uma esteira de linho reforçada com epóxi. A resistência à tração do compósito híbrido BFBF aumenta (56MPa), o que é mais elevado em comparação com os compósitos de linho (40MPa) e bambu (44MPa) com epóxi e o compósito híbrido de linho e banana com epóxi (30MPa).

2. A resistência ao impacto do compósito híbrido BFBF é de 28,5 kJ/m^2 que é superior à do compósito (Frango/Epoxy-24,12 kJ/m^2) e dos compósitos híbridos (Juta /Banana/Epoxy-10,2kJ/m^2, Linho/Cânhamo/Epoxy-20kJ/m^2).

3. Na escala M, a leitura da dureza é de 62,5, o que mostra que o compósito BFBF resistirá a uma deformação plástica localizada induzida por indentação mecânica ou abrasão e também mostra uma dureza melhor do que o compósito (Frango/Epoxy-54,06) e os compósitos híbridos (Bagaço/Coeirinho/Epoxy-46,76, Juta/Banana/Epoxy-46,20).

4. O ensaio de absorção de água mostra alguma absorção de água devido ao teor de celulose da fibra natural. A absorção de humidade é mais elevada na água do mar e mais baixa na água purificada e na água de poços entre elas nos espécimes compósitos híbridos.

5. O mecanismo de fratura, com base na morfologia obtida, parece envolver o arrancamento e a quebra de fibras, bem como a microfissuração da matriz.

6. O comportamento térmico significativo do composto (híbrido) foi determinado a partir da temperatura de degradação inicial, que é tomada como a temperatura em que as degradações começaram e a percentagem de peso do resíduo denotada como char. A partir das gramas térmicas, é evidente que a amostra sofre um processo de degradação em três fases. O primeiro estágio de degradação ocorre de 32,88 °C - 215,64 °C com a liberação de água livre por evaporação. O segundo estágio de degradação na faixa de temperatura de 215,64 °C - 431,31 °C devido à decomposição da celulose e a maior perda de peso ocorreu neste estágio. O processo de degradação do terceiro estágio ocorre de 431,31-860 e a quantidade de carvão deixado em 860 °C é de 6,815%.

7. O teste DSC é realizado no compósito híbrido e a temperatura de transição vítrea (Tg) é de 195 °C. Este valor da temperatura Tg é obtido pelo método de análise

térmica PERKIN-ELMER. A temperatura de transição vítrea (Tg) do epóxi aumentou até 20,51%, reforçando o bambu e o tapete de linho. (40% em peso).

Âmbito futuro

O presente trabalho de investigação deixa uma ampla margem de manobra para investigações futuras que explorem muitos outros aspectos deste compósito híbrido, incluindo resíduos de fibras naturais. Algumas das recomendações para investigação futura incluem:

1. As outras propriedades do compósito híbrido, como a fadiga, o comportamento tribológico e o DMA, podem ser determinadas através de experiências extensivas.
2. A composição química do compósito híbrido pode ser verificada por FTIR.
3. A experiência pode ser alargada com diferentes percentagens de tapetes e com a alteração da orientação dos tapetes de linho e de bambu com a sua percentagem variável no compósito híbrido.
4. A experiência pode ser alargada aumentando os parâmetros de maquinagem, como a geometria da ferramenta, o material da ferramenta, etc.
5. Uma vez que a propagação da fissura é lenta no compósito à base de epóxi, a taxa de propagação da fissura pode ser determinada.
6. A experiência pode ser alargada com uma matriz biodegradável, como o PLA.

Referências

1. TP Sathishkumar, P Navaneethakrishnan (2013) Characterization of natural fiber and composites, "Journal of Reinforced Plastics and Composites "32(19) 1457-1476.

2. Schmidt, W.F.,S. Jayasundera, Microcrystalline avian keratin protein fibres, in Natural fibres, plastics and composites, F.T. Wallenberger and N.E. Weston, Editors. 2004, Kluwer Academic Publishers: Boston'.

3. D. Verma1 "Bagasse Fiber Composites-A Review" (Compósitos de fibra de bagaço - uma revisão) J. Mater. Environ. Sci. 3 (6) (2012) 1079-1092

4. Maneesh Tewari (2012), "Evaluation of Mechanical Properties of Bagasse-Glass Fiber Reinforced Composite", J. Mater. Environ. Sci. 3 (1) 171-184 ISSN 2028-2508.

5. D.Verma et al. "Coir Fibre Reinforcement and Application in Polymer Composites: A Review" J. Mater. Environ. Sci. 4 (2) (2013) 263-276 ISSN: 2028-2508

6. Chaudhary, V., Bajpai, P. K., & Maheshwari, S. (2018). Uma investigação sobre o desgaste e o comportamento mecânico dinâmico de compósitos reforçados com juta / cânhamo / linho e seus híbridos para aplicações tribológicas. *Fibras e Polímeros*, *19*, 403-415.

7. Habibi, M., Lebrun, G., & Laperrière, L. (2017). Caracterização experimental de compósitos de tapete de fibra de linho curto: propriedades de tração e flexão e análise de danos usando emissão acústica. *Jornal de ciência dos materiais*, *52*, 6567-6580.

8. Jagannatha, T. D., & Harish, G. (2015). Propriedades mecânicas de compósitos de polímero híbrido epóxi reforçados com fibra de carbono / vidro. *Revista Internacional de Engenharia Mecânica e Pesquisa em Robótica*, *4*(2), 131-137.

9. Sreenivasulu, S., & Reddy, A. C. (2014). Avaliação das propriedades mecânicas de materiais compósitos reforçados com fibra de bambu. *Int. J. Eng. Res, 5013*, 187-194.

10. Jena, H., Pandit, M. K., & Pradhan, A. K. (2013). Efeito da cenosfera nas propriedades mecânicas de compósitos de bambu-epóxi. *Jornal de Plásticos Reforçados e Compósitos*, *32*(11), 794-801.

11.   Bavan, D. S., & Kumar, G. M. (2010). Potencial de utilização de materiais compósitos de fibras naturais na Índia. *Journal of Reinforced Plastics and Composites*, *29*(24), 3600-3613.

12.   Srinivasan, V. S., Boopathy, S. R., Sangeetha, D., & Ramnath, B. V. (2014). Avaliação das propriedades mecânicas e térmicas do compósito de fibra natural à base de banana-linho. *Materials & Design*, *60*, 620-627.

13.   Deshpande, A. P., Bhaskar Rao, M., & Lakshmana Rao, C. (2000). Extração de fibras de bambu e sua utilização como reforço em compósitos poliméricos. *Journal of applied polymer science*, *76*(1), 83-92.

14.   Sadaf, S. M., Siddik, M., & Ahsan, Q. (2011). Propriedades físicas e mecânicas de compósitos epóxi reforçados com esteira de juta. *Jornal da ASEAN sobre Ciência e Tecnologia para o Desenvolvimento*, *28*(2), 115-121.

15.   Umit Huner, (2015) "Effect of Water Absorption on The Mechanical Properties Of Flax Fiber Reinforced Epoxy Composites, Advances in Science and Technology Research Journal Volume 9, No. 26, junho de 2015.

16.   Hemalata Jena, Mihir Kumar Pandit e Arun Kumar Pradhan, (2013) "Effect of cenosphere on mechanical properties of bamboo-epoxy composites", Journal of Reinforced Plastics and Composites 32(11) 794-801.

17.   Padmaraj N H (2016), "Estudo experimental sobre fibras naturais em compósitos híbridos de epóxi reforçados", International Journal Of Core Engineering & Management (IJCEM) Volume 3, Issue 2

18.   Srinivasan, V.S.; Boopathy, (2014,) Avaliação das propriedades mecânicas e térmicas do compósito de fibra natural à base de banana-linho. Mater. Des. 60, 620-627

19.   Ajay Singh ,Ravi Shukla(2015) , "Desenvolvimento e caraterização de material compósito de penas de galinha""Conferência Nacional sobre Design e Fabrico de Produtos (NCPDM 2015)" MNNIT Allahabad 21-22 de novembro de 2015

20.   Anshika Awasthi, Ravi Shukla (2017) "Caracterização mecânica do compósito híbrido epóxi reforçado com fibra de bagaço/fibra de alcatifa" Revista Internacional de Investigação e Aplicação de Processos Científicos (IJSPRA). ISSN: 2454-5376 , Volume 3, Edição 1 (Jan-Fev 2017), pp.01-05

21.   S. M. Sadaf, M. Siddik (2011), "Physical and Mechanical Properties of Jute Mat Reinforced Epoxy Composites", Asean Journal on Science And Technology For Development, 28(2).

22. Xian-bao, Y.U.; Chun, W.; Shao-rong, L.U. (2006) Preparação e propriedades mecânicas de compósitos híbridos TLCPI UP/GF in-situ. Trans. Nonferrous Met. SOC. China 2006, 16, s529-s533

23. Rohit Srivastava "Charactcrization of Mechanical Properties of Bagaasse Fiber/Chicken Feather Reinforced Epoxy Hybrid composite", International Journal of Scientific Processes Research and Application (IJSPRA). Volume 2, Edição 2 (março-abril de 2016), pp.13-17.

Índice

Printed by Books on Demand GmbH, Norderstedt / Germany